三角学系列

三角函数

车新发 编著

◎ 三角恒等变换
◎ 三角函数的图象及性质
◎ 解斜三角形
◎ 三角不等式
◎ 三角法

HITP

哈尔滨工业大学出版社

HARBIN INSTITUTE OF TECHNOLOGY PRESS

内 容 简 介

本书主要介绍了三角函数的相关知识,并配有一定数量的习题供读者练习.本书共 5 章,分别介绍了三角恒等变换、三角函数的图象及性质、解斜三角形、三角不等式、三角法.

本书有如下特点:帮助学生夯实基础,通过知识精讲、典例剖析、归纳小结,落实基础知识;帮助学生培养逻辑推理能力,精选逻辑性强的综合题,启迪学生的思维,开阔学生的思路,落实数学思想方法的学习.引导学生关注数学应用、崇尚思维创新,从而走向成功.

本书适合对数学有浓厚兴趣的学生和对相关知识感兴趣的教师参考阅读.

图书在版编目(CIP)数据

三角函数/车新发编著. —哈尔滨:哈尔滨工业大学出版社,2024.10. —ISBN 978 - 7 - 5767 - 1667 - 2

Ⅰ. G634.603

中国国家版本馆 CIP 数据核字第 202406JF77 号

SANJIAO HANSHU

策划编辑　刘培杰　张永芹
责任编辑　聂兆慈
封面设计　孙茵艾
出版发行　哈尔滨工业大学出版社
社　　址　哈尔滨市南岗区复华四道街 10 号　邮编 150006
传　　真　0451-86414749
网　　址　http://hitpress.hit.edu.cn
印　　刷　哈尔滨市工大节能印刷厂
开　　本　787 mm×960 mm　1/16　印张 15.5　字数 168 千字
版　　次　2024 年 10 月第 1 版　2024 年 10 月第 1 次印刷
书　　号　ISBN 978 - 7 - 5767 - 1667 - 2
定　　价　38.00 元

目 录

三角恒等变换

1.1　任意角的三角函数

在 Rt$\triangle ABC$ 中，$\angle A + \angle B = 90°$ 揭示了它的两个锐角之间的关系；勾股定理 $a^2 + b^2 = c^2$ 揭示了它的三条边之间的关系；它的边角之间的关系则由锐角三角函数的定义来揭示(图 1.1).

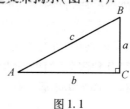

图 1.1

$$\sin A = \frac{\angle A\ \text{的对边}}{\text{斜边}}, \cos A = \frac{\angle A\ \text{的邻边}}{\text{斜边}}$$

$$\tan A = \frac{\angle A\ \text{的对边}}{\angle A\ \text{的邻边}}, \cot A = \frac{\angle A\ \text{的邻边}}{\angle A\ \text{的对边}}$$

显然,这四个三角函数之间有着内在的联系,这就是

$$\sin^2 A + \cos^2 A = 1, \tan A = \frac{\sin A}{\cos A}, \tan A \cdot \cot A = 1$$

并且

$$\sin(90° - A) = \cos A, \cos(90° - A) = \sin A$$

$$\tan(90° - A) = \cot A, \cot(90° - A) = \tan A$$

运用这些知识,可以由直角三角形中的已知元素求它的未知元素,即解直角三角形.并且可以实现同角三角函数间的相互转化和互为余函数的两个函数间的相互转化(仅限于角为锐角的情形).

初中阶段从平面几何角度定义角是从同一点出发的两条射线组成的图形.这个定义有很大的局限性.因此我们推广角的概念:把角看作是一条射线绕着端点从一个位置旋转到另一个位置所组成的图形.按逆时针方向旋转所形成的角叫作正角,按顺时针方向旋转所形成的角叫作负角,射线没有作任何旋转时,也认为形成了一个角,这个角叫作零角.

角的概念推广后,我们在直角坐标系内讨论角.为此,使角的顶点与原点重合,角的始边与 x 轴的非负半轴重合,那么角的终边(除端点外)在第几象限我们就说这个角是第几象限角.如果角的终边落在坐标轴上,那么我们就认为这个角不属于任一象限.

例1 若 α 是第二象限角,则:

(1) $\frac{\alpha}{2}$ 是第几象限角?

(2) $\frac{\alpha}{3}$ 是第几象限?

解 (1)因为 α 是第二象限角,所以

$$2k\pi + \frac{\pi}{2} < \alpha < 2k\pi + \pi \quad (k \in \mathbf{Z})$$

$$k\pi + \frac{\pi}{4} < \frac{\alpha}{2} < k\pi + \frac{\pi}{2} \quad (k \in \mathbf{Z})$$

当 $k = 2n(n \in \mathbf{Z})$ 时

$$2n\pi + \frac{\pi}{4} < \frac{\alpha}{2} < 2n\pi + \frac{\pi}{2}$$

当 $k = 2n + 1(n \in \mathbf{Z})$ 时

$$2n\pi + \frac{5\pi}{4} < \frac{\alpha}{2} < 2n\pi + \frac{3\pi}{2}$$

所以 $\frac{\alpha}{2}$ 是第一或第三象限角.

（2）由（1）知

$$2k\pi + \frac{\pi}{2} < \alpha < 2k\pi + \pi \quad (k \in \mathbf{Z})$$

所以

$$\frac{2k\pi}{3} + \frac{\pi}{6} < \frac{\alpha}{3} < \frac{2k\pi}{3} + \frac{\pi}{3} \quad (k \in \mathbf{Z})$$

当 $k = 3n(n \in \mathbf{Z})$ 时

$$2n\pi + \frac{\pi}{6} < \frac{\alpha}{3} < 2n\pi + \frac{\pi}{3}$$

当 $k = 3n + 1(n \in \mathbf{Z})$ 时

$$2n\pi + \frac{5\pi}{6} < \frac{\alpha}{3} < 2n\pi + \pi$$

当 $k = 3n + 2(n \in \mathbf{Z})$ 时

$$2n\pi + \frac{3\pi}{2} < \frac{\alpha}{3} < 2n\pi + \frac{5\pi}{3}$$

所以 $\frac{\alpha}{3}$ 是第一、第二或第四象限角.

说明 在直角坐标系中作出 $\frac{\alpha}{2}$，$\frac{\alpha}{3}$ 的终边所在的

范围分别如图 1.2 和图 1.3 所示. 可见 $\frac{\alpha}{2}, \frac{\alpha}{3}$ 的终边都只占所在象限的某一部分. 将 $\frac{\alpha}{2}$ 的终边所在的范围之一旋转 $180°$, 就得到它的终边所在的另一范围; 将 $\frac{\alpha}{3}$ 的终边所在的范围之一依次旋转 $120°, 2 \times 120°$, 就得到 $\frac{\alpha}{3}$ 的终边所在的另外两个范围. 当读者学习到复数开方后, 利用方根的几何意义来理解就更深刻了.

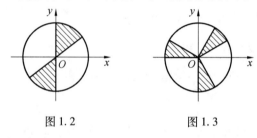

图 1.2   图 1.3

把长度等于半径长的弧所对的圆心角叫作 1 弧度的角. 这种以弧度作单位来度量角的单位制叫作弧度制. 角度制与弧度制之间的换算关系是

$$180° = \pi \ (\text{rad})$$

$$1° = \frac{\pi}{180} \ (\text{rad})$$

$$1 \ (\text{rad}) = \frac{180°}{\pi}$$

在角的概念推广后, 无论采用角度制还是弧度制, 都能在角的集合与实数集 **R** 之间建立起一种一一对应的关系.

采用弧度制时, 弧长公式十分简单, 为

$$l = |\alpha| \, r$$

4

这就使一些与弧长有关的公式也得到了简化. 例如半径为 r,圆心角为 $a(\mathrm{rad})$ 的扇形的面积

$$S = \frac{1}{2}ar^2$$

例 2　设 $A = \{\alpha \mid \alpha = \dfrac{k\pi}{3} + \dfrac{\pi}{6}, k \in \mathbf{Z}\}$,$B = \{\beta \mid \beta = \dfrac{2k\pi}{3} \pm \dfrac{\pi}{6}, k \in \mathbf{Z}\}$,则 A 和 B 的关系是(　　).

　A. $A \subsetneqq B$　　B. $B \subsetneqq A$　　C. $A \neq B$　　D. $A = B$

解　解法 1:在直角坐标系中画出角 α 和角 β 的终边所有可能的位置,如图 1.4 所示. 它们都是终边与 $\dfrac{\pi}{6}, \dfrac{\pi}{2}, \dfrac{5\pi}{6}, \dfrac{7\pi}{6}, \dfrac{3\pi}{2}, \dfrac{11\pi}{6}$ 等角的终边相同的角的集合,所以 $A = B$. 选 D.

图 1.4

解法 2:$k = 2n(n \in \mathbf{Z})$ 时

$$\alpha = \frac{2n\pi}{3} + \frac{\pi}{6} \in B$$

当 $k = 2n - 1(n \in \mathbf{Z})$ 时

$$\alpha = \frac{2n-1}{3}\pi + \frac{\pi}{6} = \frac{2n\pi}{3} - \frac{\pi}{6} \in B$$

所以 $A \subseteq B$. 又

$$\beta = \frac{2k\pi}{3} + \frac{\pi}{6} \in A$$

$$\beta = \frac{2k\pi}{3} - \frac{\pi}{6} = \frac{2k-1}{3}\pi + \frac{\pi}{6} \in A$$

所以 $B \subseteq A$.

由 $A \subseteq B$ 及 $B \subseteq A$ 得 $A = B$.

例3 如图1.5,两轮子的半径分别为 $R,r(R > r),O'E \perp OA,\angle EO'O = \alpha$,求连接两轮子的皮带传动装置的皮带长.

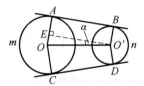

图1.5

解 $O'E = OE\cot \alpha = (R - r)\cot \alpha$

所以

$$AB + CD = 2 \cdot O'E = 2(R - r)\cot \alpha$$

又

$$\overset{\frown}{BnD} = r(\pi - 2\alpha)$$

$$\overset{\frown}{AmC} = R\left[2\pi - 2\left(\frac{\pi}{2} - \alpha\right)\right] = R(\pi + 2\alpha)$$

所以

皮带长 $= 2(R - r)\cot \alpha + r(\pi - 2\alpha) + R(\pi + 2\alpha)$

$$= 2(R - r)(\alpha + \cot \alpha) + (R + r)\pi$$

设 α 是一个任意角,α 的终边上任意一点 P 的坐标是 (x,y),它与原点的距离是

$$r = \sqrt{x^2 + y^2}$$

那么

$$\sin \alpha = \frac{y}{r},\cos \alpha = \frac{x}{r},\tan \alpha = \frac{y}{x}$$

$$\csc \alpha = \frac{r}{y},\sec \alpha = \frac{r}{x},\cot \alpha = \frac{x}{y}$$

对于确定的角 α,上面的六个比值(如果有意义的话)都是唯一确定的. 也就是说,它们都是以角为自变量,以比值为函数值的函数,统称三角函数. 由于角的集合

与实数集之间可以建立一一对应关系,三角函数可以看成以实数为自变量的函数.

例4 设 $a \neq 0$,角 α 的终边经过点 $P(-4a, 3a)$,求 $\dfrac{1 + \sin\alpha - \cos\alpha}{1 + \sin\alpha + \cos\alpha}$ 的值.

解 $\quad x = -4a, y = 3a$

$$r = \sqrt{x^2 + y^2} = \sqrt{(-4a)^2 + 3a^2} = \sqrt{25a^2} = 5|a|$$

若 $a > 0$,则

$$r = 5a, \sin\alpha = \frac{3}{5}, \cos\alpha = -\frac{4}{5}$$

$$\frac{1 + \sin\alpha - \cos\alpha}{1 + \sin\alpha + \cos\alpha} = \frac{1 + \frac{3}{5} - \left(-\frac{4}{5}\right)}{1 + \frac{3}{5} + \left(-\frac{4}{5}\right)} = 3$$

若 $a < 0$,则

$$r = -5a, \sin\alpha = -\frac{3}{5}, \cos\alpha = \frac{4}{5}$$

$$\frac{1 + \sin\alpha - \cos\alpha}{1 + \sin\alpha + \cos\alpha} = \frac{1 - \frac{3}{5} - \frac{4}{5}}{1 - \frac{3}{5} + \frac{4}{5}} = -\frac{1}{3}$$

设角 α 的终边与单位圆交于点 P,过点 P 作 $PM \perp x$ 轴于点 M,过点 $A(1,0)$ 作单位圆的切线,与角 α 的终边或终边的反向延长线相交于点 T,三条与单位圆有关的有向线段 MP, OM, AT 分别叫作角 α 的正弦线、余弦线、正切线.

例5 (1)作出 $\dfrac{5\pi}{6}$ 角的正弦线、余弦线和正切线.

(2)已知 $\sin\alpha = \dfrac{1}{2}$,试作出角 α.

（3）已知 $\sin\alpha \leqslant \dfrac{1}{2}$，求角 α 的范围.

解 （1）如图 1.6 所示，与单位圆有关的有向线段 MP,OM,AT 分别是 $\dfrac{5\pi}{6}$ 角的正弦线、余弦线和正切线.

（2）如图 1.7 所示，经过点 $\left(0,\dfrac{1}{2}\right)$ 作平行于 x 轴的直线交单位圆于 P_1,P_2 两点，则始边为 Ox、终边为 OP_1 或 OP_2 的角即为所求.

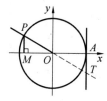

图 1.6　　　　　图 1.7

（3）如图 1.8 所示，经过点 $\left(0,\dfrac{1}{2}\right)$ 作平行于 x 轴的直线交单位圆于 P_1,P_2 两点，由于 $\sin\alpha \leqslant \dfrac{1}{2}$，所以角 α 的终边与单位圆的交点在优弧 $\overset{\frown}{P_2P_1}$ 上，角 α 的取值范围是

图 1.8

$$-\dfrac{7\pi}{6}+2k\pi \leqslant \alpha \leqslant \dfrac{\pi}{6}+2k\pi \quad (k\in \mathbf{Z})$$

也可以写成

$$\dfrac{5\pi}{6}+2k\pi \leqslant \alpha \leqslant \dfrac{13\pi}{6}+2k\pi \quad (k\in \mathbf{Z})$$

说明 例5（3）揭示了解最简单的三角不等式的

基本方法. 用类似的方法可解关于 $\cos x, \tan x$ 的最简单的三角不等式.

例 6　设 $0 < x < \dfrac{\pi}{2}$，求 $\sin\left(2x - \dfrac{\pi}{3}\right)$，$\cos\left(2x - \dfrac{\pi}{3}\right)$ 的取值范围.

解　由题设 $0 < x < \dfrac{\pi}{2}$，所以

$$0 < 2x < \pi$$

$$-\frac{\pi}{3} < 2x - \frac{\pi}{3} < \frac{2\pi}{3}$$

由图 1.9 可知

$$-\frac{\sqrt{3}}{2} < \sin\left(2x - \frac{\pi}{3}\right) \leqslant 1$$

$$-\frac{1}{2} < \cos\left(2x - \frac{\pi}{3}\right) \leqslant 1$$

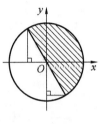

图 1.9

例 7　设 $0 < \alpha < \dfrac{\pi}{2}$，试证明：

$\sin \alpha < \alpha < \tan \alpha$.

解　设角 α 的终边与单位圆相交于点 P，过点 P 作 $PM \perp Ox$ 于点 M，过点 $A(1,0)$ 作单位圆的切线交角 α 的终边于点 T，则

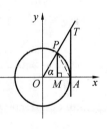

图 1.10

$$MP = \sin x, \text{劣}\overparen{AP} = \alpha, AT = \tan \alpha$$

$$S_{\triangle OAP} = \frac{1}{2}\sin \alpha$$

$$S_{\text{扇形}OAP} = \frac{1}{2}\alpha$$

$$S_{\triangle OAT} = \frac{1}{2}\tan \alpha$$

三角函数

并且
$$S_{\triangle OAP} < S_{扇形 OAP} < S_{\triangle OAT}$$
所以
$$\sin \alpha < \alpha < \tan \alpha$$

由三角函数的定义及各象限内点的坐标的符号,可知各三角函数的值在各象限内的符号如图 1.11 所示.

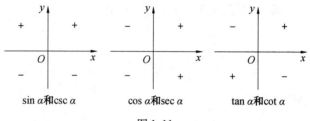

图 1.11

例 8 函数
$$y = \frac{\sin x}{|\sin x|} + \frac{\cos x}{|\cos x|} + \frac{\tan x}{|\tan x|} + \frac{\cot x}{|\cot x|}$$
的值域是(   ).

A. $\{-2,0\}$ B. $\{-2,0,4\}$

C. $\{-2,0,2,4\}$ D. $\{-4,-2,0,4\}$

解 当 x 是第一象限角时
$$\sin x > 0, \cos x > 0, \tan x > 0, \cot x > 0, y = 4$$
当 x 是第二象限角时
$$\sin x > 0, \cos x < 0, \tan x < 0, \cot x < 0, y = -2$$
当 x 是第三象限角时
$$\sin x < 0, \cos x < 0, \tan x > 0, \cot x > 0, y = 0$$
当 x 是第四象限角时
$$\sin x < 0, \cos x > 0, \tan x < 0, \cot x < 0, y = -2$$
所以函数的值域是$\{-2,0,4\}$,选 B.

根据三角函数的定义,六个三角函数,即六个比

值,只与三个字母 x,y,r 有关,且 $x^2 + y^2 = r^2$,因此它们之间有着内在的联系. 这就是同角三角函数的基本关系式：

平方关系

$$\sin^2\alpha + \cos^2\alpha = 1$$
$$1 + \tan^2\alpha = \sec^2\alpha$$
$$1 + \cot^2\alpha = \csc^2\alpha$$

商数关系

$$\tan\alpha = \frac{\sin\alpha}{\cos\alpha}, \cot\alpha = \frac{\cos\alpha}{\sin\alpha}$$

倒数关系

$$\sin\alpha\csc\alpha = 1, \cos\alpha\sec\alpha = 1, \tan\alpha\cot\alpha = 1$$

其中最重要的三个公式是

$$\sin^2\alpha + \cos^2\alpha = 1, \tan\alpha = \frac{\sin\alpha}{\cos\alpha}, \tan\alpha\cot\alpha = 1$$

它们是进行三角恒等变换的重要基础. 在求值、化简三角函数式和证明三角恒等式中要经常用到.

例 9　x 为何值时,等式 $\sqrt{\dfrac{1-\sin x}{1+\sin x}} = \tan x - \dfrac{1}{\cos x}$ 成立.

解

$$\sqrt{\frac{1-\sin x}{1+\sin x}} = \sqrt{\frac{(1-\sin x)^2}{(1+\sin x)(1-\sin x)}}$$

$$= \sqrt{\frac{(1-\sin x)^2}{\cos^2 x}} = \frac{1-\sin x}{|\cos x|}$$

$$\tan x - \frac{1}{\cos x} = \frac{\sin x}{\cos x} - \frac{1}{\cos x} = \frac{1-\sin x}{-\cos x}$$

要使等式成立,当且仅当 $|\cos x| = -\cos x$ 且 $\cos x \neq 0$,即 $\cos x < 0$ 时. 所以

$$\frac{\pi}{2} + 2k\pi < x < \frac{3\pi}{2} + 2k\pi \quad (k \in \mathbf{Z})$$

例 10 （1）已知 $\tan \alpha = 3$，求 $\dfrac{4\sin \alpha + \cos \alpha}{5\sin \alpha - 2\cos \alpha}$ 的值.

（2）已知 $2\sin \alpha + \cos \alpha = 0$，求 $2\sin^2\alpha - 3\sin \alpha \cdot \cos \alpha - 5\cos^2\alpha$ 的值.

（3）已知 $\sin \theta = \dfrac{2}{3}$，求 $\dfrac{\cos \theta - \sin \theta}{\cos \theta + \sin \theta} + \dfrac{\cos \theta + \sin \theta}{\cos \theta - \sin \theta}$ 的值.

（4）已知 $\sin \theta + \sin^2\theta = 1$，求 $\cos^2\theta + \cos^6\theta + \cos^8\theta$ 的值.

解 （1）解法 1：$\tan \alpha = 3 > 0$，α 是第一象限角或第三象限角.

若 α 是第一象限角，则

$$\sin \alpha = \frac{3}{\sqrt{10}}, \cos \alpha = \frac{1}{\sqrt{10}}$$

$$原式 = \frac{4 \times \dfrac{3}{\sqrt{10}} + \dfrac{1}{\sqrt{10}}}{5 \times \dfrac{3}{\sqrt{10}} - 2 \times \dfrac{1}{\sqrt{10}}} = 1$$

若 α 是第三象限角，则

$$\sin \alpha = -\frac{3}{\sqrt{10}}, \cos \alpha = -\frac{1}{\sqrt{10}}$$

$$原式 = \frac{4 \times \left(-\dfrac{3}{\sqrt{10}}\right) + \left(-\dfrac{1}{\sqrt{10}}\right)}{5 \times \left(-\dfrac{3}{\sqrt{10}}\right) - 2\left(-\dfrac{1}{\sqrt{10}}\right)} = 1$$

$$原式 = \frac{2\sin^2\alpha - 3\sin\alpha\cos\alpha - 5\cos^2\alpha}{\sin^2\alpha + \cos^2\alpha}$$

$$= \frac{2\tan^2\alpha - 3\tan\alpha - 5}{\tan^2\alpha + 1}$$

$$= \frac{2 \times \left(-\dfrac{1}{2}\right)^2 - 3 \times \left(-\dfrac{1}{2}\right) - 5}{\left(-\dfrac{1}{2}\right)^2 + 1}$$

$$= -\frac{12}{5}$$

（3）先化简，再求其值.

$$\frac{\cos\theta - \sin\theta}{\cos\theta + \sin\theta} + \frac{\cos\theta + \sin\theta}{\cos\theta - \sin\theta}$$

$$= \frac{(\cos\theta - \sin\theta)^2 + (\cos\theta + \sin\theta)^2}{\cos^2\theta - \sin^2\theta}$$

$$= \frac{2}{1 - 2\sin^2\theta}$$

所以，当 $\sin\theta = \dfrac{2}{3}$ 时

$$原式 = \frac{2}{1 - 2 \times \left(\dfrac{2}{3}\right)^2} = 18$$

（4）由

$$\sin\theta + \sin^2\theta = 1$$

得

$$\sin\theta = 1 - \sin^2\theta$$

即

$$\sin\theta = \cos^2\theta$$

所以

$$\cos^2\theta + \cos^6\theta + \cos^8\theta = \sin\theta + \sin^3\theta + \sin^4\theta$$

$$= \sin\theta + \sin^2\theta(\sin\theta + \sin^2\theta)$$

$$= \sin\theta + \sin^2\theta = 1$$

14

例 11　（1）已知 $\sin \theta - \cos \theta = \dfrac{1}{2}$，求 $\sin^3 \theta - \cos^3 \theta$ 的值.

（2）已知 $\sin \alpha + \cos \alpha = \dfrac{2}{3}, \alpha \in (0, \pi)$，求 $\sin \alpha$，$\cos \alpha$ 的值.

解　（1）由

$$\sin \theta - \cos \theta = \frac{1}{2}$$

得

$$(\sin \theta - \cos \theta)^2 = \frac{1}{4}$$

即

$$1 - 2\sin \theta \cos \theta = \frac{1}{4}, \sin \theta \cos \theta = \frac{3}{8}$$

$$\sin^3 \theta - \cos^3 \theta$$
$$= (\sin \theta - \cos \theta)(\sin^2 \theta + \sin \theta \cos \theta + \cos^2 \theta)$$
$$= \frac{1}{2}\left(1 + \frac{3}{8}\right) = \frac{11}{16}$$

（2）由

$$\sin \alpha + \cos \alpha = \frac{2}{3}$$

得

$$1 + 2\sin \alpha \cos \alpha = \frac{4}{9}$$

$$2\sin \alpha \cos \alpha = -\frac{5}{9}, (\sin \alpha - \cos \alpha)^2 = \frac{14}{9}$$

$\alpha \in (0, \pi), \sin \alpha > 0$，而 $\sin \alpha \cos \alpha < 0$，所以

$$\cos \alpha < 0$$

$$\sin \alpha - \cos \alpha = \frac{\sqrt{14}}{3}$$

于是

$$\sin \alpha = \frac{2 + \sqrt{14}}{6}, \cos \alpha = \frac{2 - \sqrt{14}}{6}$$

例 12 若 $\sin \alpha, \cos \alpha$ 是关于 x 的方程 $8x^2 + 6kx + 2k + 1 = 0$ 的两个实根,求 k 的值.

解 依韦达定理有

$$\begin{cases} \sin \alpha + \cos \alpha = -\dfrac{3k}{4} \\ \sin \alpha \cos \alpha = \dfrac{2k + 1}{8} \end{cases}$$

利用 $\sin^2 \alpha + \cos^2 \alpha = 1$ 化简得

$$\left(-\frac{3k}{4} \right)^2 - 2 \cdot \frac{2k + 1}{8} = 1$$

即
$$9k^2 - 8k - 20 = 0$$

解这个方程得 $k = 2$ 或 $k = -\dfrac{10}{9}$.

但 $k = 2$ 时,原方程的判别式的值小于零,所以该方程无解.

当 $k = -\dfrac{10}{9}$ 时,原方程的判别式的值大于零,所以

$k = -\dfrac{10}{9}$.

说明 （1）$\sin \alpha + \cos \alpha, \sin \alpha \cos \alpha, \sin \alpha - \cos \alpha$ 三个式子中,已知其中一个式子的值,可求其余二式的值;若已知 $\sin \alpha + \cos \alpha = p, \sin \alpha \cos \alpha = q$,则由此二式可消去 α,得到关于 p 和 q 的关系式.

（2）运用三角函数线,可知 $\sin \alpha + \cos \alpha, \sin \alpha - \cos \alpha$ 的符号如图 1.12 所示.

（3）例 12 中,验根的方程有三种:

① 判别式的值非负.

②$| \sin \alpha + \cos \alpha | \leqslant \sqrt{2}.$

③$| \sin \alpha \cos \alpha | \leqslant \dfrac{1}{2}.$

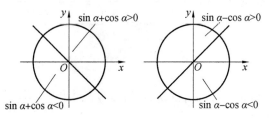

图 1.12

例 13　证明恒等式：

(1)$(\sin \alpha + \cos \alpha)(\tan \alpha + \cot \alpha) = \dfrac{1}{\sin \alpha} + \dfrac{1}{\cos \alpha}.$

(2)$\dfrac{1 - \cos A + \sin A}{1 + \cos A + \sin A} + \dfrac{1 + \cos A + \sin A}{1 - \cos A + \sin A} = \dfrac{2}{\sin A}.$

证明　(1) 证法 1：

$(\sin \alpha + \cos \alpha)(\tan \alpha + \cot \alpha)$

$= \sin \alpha \tan \alpha + \sin \alpha + \cos \alpha + \cos \alpha \cot \alpha$

$= \dfrac{\sin^2 \alpha}{\cos \alpha} + \sin \alpha + \cos \alpha + \dfrac{\cos^2 \alpha}{\sin \alpha}$

$= \dfrac{1 - \cos^2 \alpha}{\cos \alpha} + \sin \alpha + \cos \alpha + \dfrac{1 - \sin^2 \alpha}{\sin \alpha}$

$= \dfrac{1}{\cos \alpha} - \cos \alpha + \sin \alpha + \cos \alpha + \dfrac{1}{\sin \alpha} - \sin \alpha$

$= \dfrac{1}{\cos \alpha} + \dfrac{1}{\sin \alpha}$

17

所以原式成立.

证法 2：

$$\tan \alpha + \cot \alpha = \frac{\sin \alpha}{\cos \alpha} + \frac{\cos \alpha}{\sin \alpha} = \frac{\sin^2 \alpha + \cos^2 \alpha}{\sin \alpha \cos \alpha}$$

$$= \frac{1}{\sin \alpha \cos \alpha}$$

所以

$$(\sin \alpha + \cos \alpha)(\tan \alpha + \cot \alpha) = \frac{\sin \alpha + \cos \alpha}{\sin \alpha \cos \alpha}$$

$$= \frac{1}{\sin \alpha} + \frac{1}{\cos \alpha}$$

原式成立.

（2）

左边

$$= \frac{[(1 + \sin A) - \cos A]^2 + [(1 + \sin A) + \cos A]^2}{(1 + \sin A)^2 - \cos^2 A}$$

$$= \frac{2[(1 + \sin A)^2 + \cos^2 A]}{1 + 2\sin A + \sin^2 A - \cos^2 A}$$

$$= \frac{2(1 + 2\sin A + \sin^2 A + \cos^2 A)}{2\sin A(1 + \sin A)}$$

$$= \frac{2 + 2\sin A}{\sin A(1 + \sin A)} = \frac{2}{\sin A}$$

所以原式成立.

例 14　已知 $\tan^2 \alpha = 2\tan^2 \beta + 1$，求证：$\sin^2 \beta = 2\sin^2 \alpha - 1$.

证明　由 $\tan^2 \alpha = 2\tan^2 \beta + 1$ 得

$$\frac{\sin^2 \alpha}{1 - \sin^2 \alpha} = \frac{2\sin^2 \beta}{1 - \sin^2 \beta} + 1$$

即

$$\frac{\sin^2 \alpha}{1 - \sin^2 \alpha} = \frac{1 + \sin^2 \beta}{1 - \sin^2 \beta}$$

$$\frac{1 - \sin^2\alpha}{\sin^2\alpha} = \frac{1 - \sin^2\beta}{1 + \sin^2\beta}$$

依比例的性质有

$$\frac{1 - \sin^2\alpha + \sin^2\alpha}{\sin^2\alpha} = \frac{1 - \sin^2\beta + 1 + \sin^2\beta}{1 + \sin^2\beta}$$

即

$$\frac{1}{\sin^2\alpha} = \frac{2}{1 + \sin^2\beta}$$

所以

$$\sin^2\beta = 2\sin^2\alpha - 1$$

例 15　已知 $p = a\cos\theta\cos\phi, q = b\cos\theta\sin\phi, r = c\sin\theta$，求证：$\dfrac{p^2}{a^2} + \dfrac{q^2}{b^2} + \dfrac{r^2}{c^2} = 1.$

证明　由 $p = a\cos\theta\cos\phi, q = b\cos\theta\sin\phi$ 消去 ϕ，得

$$\frac{p^2}{a^2} + \frac{q^2}{b^2} = \cos^2\theta\cos^2\phi + \cos^2\theta\sin^2\phi$$
$$= \cos^2\theta(\cos^2\phi + \sin^2\phi)$$
$$= \cos^2\theta$$

再由 $\dfrac{p^2}{a^2} + \dfrac{q^2}{b^2} = \cos^2\theta$ 及 $r = c\sin\theta$ 消去 θ 得

$$\frac{p^2}{a^2} + \frac{q^2}{b^2} + \frac{r^2}{c^2} = \cos^2\theta + \sin^2\theta = 1$$

$\alpha + 2k\pi(k \in \mathbf{Z}), -\alpha, \pi \pm \alpha, 2\pi - \alpha$ 的三角函数值等于 α 的同名函数值，前面加上一个把 α 看成锐角时原函数值的符号. 这五组公式叫作诱导公式. 有了诱导公式，就可以把任意角的三角函数化为锐角三角函数.

例 16　（1）求 $\sin(-1\,200°)$ 的值.

（2）已知 $\cos 155° = a$，求 $\tan 205°$ 的值.

（3）已知 $\cos\left(\dfrac{\pi}{6} - \alpha\right) = \dfrac{\sqrt{3}}{3}$，求 $\cos\left(\dfrac{5\pi}{6} + \alpha\right)$ 的值.

（4）化简$\dfrac{\sqrt{1 - 2\sin 10°\cos 10°}}{\cos 350° - \sqrt{1 - \sin^2 100°}}$.

解　（1）解法1：

$\sin(- 1\,200°) = - \sin 1\,200°$

$\qquad\qquad = - \sin(3 \times 360° + 120°) =$

$\qquad\qquad = - \sin 120° = - \sin(180° - 60°)$

$\qquad\qquad = - \sin 60° = -\dfrac{\sqrt{3}}{2}$

解法2：$\sin(- 1\,200°) = \sin(- 4 \times 360° + 240°)$

$\qquad\qquad\qquad = \sin 240°$

$\qquad\qquad\qquad = \sin(180° + 60°)$

$\qquad\qquad\qquad = - \sin 60°$

$\qquad\qquad\qquad = -\dfrac{\sqrt{3}}{2}$

（2）$\cos 155° = \cos(180° - 25°) = - \cos 25° = a$

所以

$\qquad\qquad \cos 25° = - a$

$\cos 205° = \cos(180° + 25°) = - \cos 25° = a$

$\sin 205° = - \sqrt{1 - \cos^2 205°} = - \sqrt{1 - a^2}$

$\tan 205° = \dfrac{\sin 205°}{\cos 205°} = -\dfrac{\sqrt{1 - a^2}}{a}$

（3）$\qquad \left(\dfrac{\pi}{6} - \alpha\right) + \left(\dfrac{5\pi}{6} + \alpha\right) = \pi$

$\cos\left(\dfrac{5\pi}{6} + \alpha\right) = \cos\left[\pi - \left(\dfrac{\pi}{6} - \alpha\right)\right]$

$\qquad\qquad = - \cos\left(\dfrac{\pi}{6} - \alpha\right) = -\dfrac{\sqrt{3}}{3}$

(4)　$\sqrt{1-2\sin 10°\cos 10°}$

$=\sqrt{\sin^2 10°-2\sin 10°\cos 10°+\cos^2 10°}$

$=\sqrt{(\sin 10°-\cos 10°)^2}$

$=\cos 10°-\sin 10°$

$\cos 350°=\cos(360°-10°)=\cos 10°$

$\sqrt{1-\sin^2 100°}=-\cos 100°=-\cos(180°-80°)$

$=\cos 80°=\cos(90°-10°)=\sin 10°$

所以

$$原式=\frac{\cos 10°-\sin 10°}{\cos 10°-\sin 10°}=1$$

说明　运用诱导公式时,要善于观察角之间的特殊关系,如例16(3).

练 习 1.1

1. 在直角坐标系中,若角 α 和角 β 的终边互为反向延长线,则 α 和 β 的关系是_____;若角 α 和角 β 的终边关于 x 轴对称,则 α 和 β 的关系是_____;若角 α 和角 β 的终边关于 y 轴对称,则 α 和 β 的关系是_____.

2. 若角 θ 与 $\dfrac{2\pi}{3}$ 的终边相同,则在 $[0,2\pi)$ 内与 $\dfrac{\theta}{4}$ 终边相同的角的集合是_____.

3. 单位圆周上一点 $A(1,0)$ 依逆时针方向匀速旋转,已知点 A 经过 1 s 转过 $\theta(0<\theta<\pi)$ 角,经过 2 s 到达第三象限,第 14 s 回到原来的位置,求 θ.

4. 在半径等于 15 cm 的圆中,一扇形的弧所对的圆心角是 $54°$,求这个扇形的周长和面积.

5. 选择题.

(1) 若 $\sin\theta\cos\theta > 0$,则 θ 在(　　).

A. 第一、四象限　　　　　B. 第一、三象限

C. 第一、二象限　　　　　D. 第二、四象限

(2) $\tan 300° + \cot 405°$ 的值为(　　).

A. $1 + \sqrt{3}$　　　　　　B. $1 - \sqrt{3}$

C. $-1 - \sqrt{3}$　　　　　D. $-1 + \sqrt{3}$

(3) 若 α 是第二象限角,且 $\left|\cos\dfrac{\alpha}{2}\right| = -\cos\dfrac{\alpha}{2}$,则

角 $\dfrac{\alpha}{2}$ 在(　　).

A. 第一象限　　　　　B. 第二象限

C. 第三象限　　　　　D. 第四象限

(4) 设 $\sin\alpha > 0$,$\cos\alpha < 0$,且 $\sin\dfrac{\alpha}{3} > \cos\dfrac{\alpha}{3}$,

则 $\dfrac{\alpha}{3}$ 的取值范围是(　　).

A. $\left(2k\pi + \dfrac{\pi}{6}, 2k\pi + \dfrac{\pi}{3}\right)$,$k \in \mathbf{Z}$

B. $\left(\dfrac{2k\pi}{3} + \dfrac{\pi}{6}, \dfrac{2k\pi}{3} + \dfrac{\pi}{3}\right)$,$k \in \mathbf{Z}$

C. $\left(2k\pi + \dfrac{5\pi}{6}, 2k\pi + \pi\right)$,$k \in \mathbf{Z}$

D. $\left(2k\pi + \dfrac{\pi}{4}, 2k\pi + \dfrac{\pi}{3}\right) \cup$

$\left(2k\pi + \dfrac{5\pi}{6}, 2k\pi + \pi\right)$,$k \in \mathbf{Z}$

(5) 已知集合 $E = \{\theta \mid \cos\theta < \sin\theta, 0 \leqslant \theta <$ $2\pi\}$,集合 $F = \{\theta \mid \tan\theta < \sin\theta\}$,那么 $E \cap F$ 为区间
(　　).

A. $\left(\dfrac{\pi}{2}, \pi\right)$ 　　　　　 B. $\left(\dfrac{\pi}{4}, \dfrac{3\pi}{4}\right)$

C. $\left(\pi, \dfrac{3\pi}{2}\right)$ 　　　　　 D. $\left(\dfrac{3\pi}{4}, \dfrac{5\pi}{4}\right)$

（6）若 $\sin \alpha > \tan \alpha > \cot \alpha\left(-\dfrac{\pi}{2} < \alpha < \dfrac{\pi}{2}\right)$，
则 $\alpha \in (\qquad)$.

A. $\left(-\dfrac{\pi}{2}, -\dfrac{\pi}{4}\right)$ 　　　　　 B. $\left(-\dfrac{\pi}{4}, 0\right)$

C. $\left(0, \dfrac{\pi}{4}\right)$ 　　　　　 D. $\left(\dfrac{\pi}{4}, \dfrac{\pi}{2}\right)$

（7）已知点 $P(\sin \alpha - \cos \alpha, \tan \alpha)$ 在第　象限，
则在 $[0, 2\pi)$ 内 α 的取值范围是（　　）.

A. $\left(\dfrac{\pi}{2}, \dfrac{3\pi}{4}\right) \cup \left(\pi, \dfrac{5\pi}{4}\right)$

B. $\left(\dfrac{\pi}{4}, \dfrac{\pi}{2}\right) \cup \left(\pi, \dfrac{5\pi}{4}\right)$

C. $\left(\dfrac{\pi}{2}, \dfrac{3\pi}{4}\right) \cup \left(\dfrac{5\pi}{4}, \dfrac{3\pi}{2}\right)$

D. $\left(\dfrac{\pi}{4}, \dfrac{\pi}{2}\right) \cup \left(\dfrac{3}{4}\pi, \pi\right)$

（8）已知 $\sin \alpha > \sin \beta$，那么下列命题成立的是
（　　）.

A. 若 α, β 是第一象限角，则 $\cos \alpha > \cos \beta$

B. 若 α, β 是第二象限角，则 $\tan \alpha > \tan \beta$

C. 若 α, β 是第三象限角，则 $\cos \alpha > \cos \beta$

D. 若 α, β 是第四象限角，则 $\tan \alpha > \tan \beta$

6. 解下列三角不等式：

（1）$\sin\left(2x - \dfrac{\pi}{6}\right) > -\dfrac{\sqrt{3}}{2}$.

$(2) \cos\left(x - \dfrac{\pi}{4}\right) \geqslant -\dfrac{\sqrt{2}}{2}.$

$(3) \tan^2 x < 1.$

7. x 为何值时, 等式

$$\cos x \sqrt{\dfrac{1 + \sin x}{1 - \sin x}} + \sin x \sqrt{\dfrac{1 + \cos x}{1 - \cos x}} = \sin x - \cos x$$

成立.

8. 化简 $\dfrac{1 - \sin^6\alpha - \cos^6\alpha}{1 - \sin^4\alpha - \cos^4\alpha}.$

9. 设 $\alpha \in (0, \pi)$, 化简 $\sqrt{1 - 2\sin \alpha \cos \alpha} + \sqrt{1 + 2\sin \alpha \cos \alpha}.$

10. 证明下列恒等式:

$(1) \tan^2 x - \sin^2 x = \tan^2 x \sin^2 x.$

$(2) (\sin \theta + \tan \theta + \cos \theta + \cot \theta) = (1 + \sin \theta) \cdot (1 + \cos \theta).$

$(3) \dfrac{1 + 2\sin x \cos x}{\cos^2 x - \sin^2 x} = \dfrac{1 + \tan x}{1 - \tan x}.$

$(4) \dfrac{1 + \sin x + \cos x}{1 - \sin x + \cos x} = \dfrac{1 + \sin x}{\cos x}.$

11. (1) 已知 $\sin x - \cos x = \dfrac{1}{5}$, 且 $x \in \left(\pi, \dfrac{3\pi}{2}\right)$, 求 $\sin x + \cos x$ 的值.

(2) 已知 $\sin x + \cos x = \dfrac{1}{5}$, 且 $x \in (0, \pi)$, 求 $\tan x$ 的值.

12. 已知 $\cos(\alpha + \beta) + 1 = 0$, 求证: $\sin(2\alpha + \beta) + \sin \beta = 0.$

13. 已知 $\cos \theta - \sin \theta = \sqrt{2} \sin \theta$, 求 $\cos \theta + \sin \theta =$

$\sqrt{2}\cos\theta.$

14. 已知 $\tan\theta = \dfrac{\sin x - \cos x}{\sin x + \cos x}$, 求证: $\sqrt{2}\sin\theta = \pm(\sin x - \cos x)$.

15. 化简

$$\dfrac{\sin(k\cdot 180° - 10°)\cos(k\cdot 180° + 10°)}{\sin[(k+1)\cdot 180° + 80°]\cos[(k+1)\cdot 180° - 80°]}$$
$$(k\in\mathbf{Z})$$

16. 在 $\triangle ABC$ 中, 求证

$$\sin(A+B) = \sin C$$
$$\cos(A+B) = -\cos C$$
$$\tan\dfrac{A+B}{2} = \cot\dfrac{C}{2}$$

17. 在四边形 $ABCD$ 中, 求证

$$\sin(A+B+C) = -\sin D, \cos(A+B+C) = \cos D$$

18. 在圆内接四边形 $ABCD$ 中, 求证

$$\sin(A+B) = -\sin(C+D)$$
$$\cos(A+B) = \cos(C+D)$$

1.2 两角和与差的三角函数

　　和角公式、差角公式、二倍角公式是实现三角恒等变换的重要公式. 在运用两点间距离公式推出了 $C_{\alpha+\beta}$ 后, 很容易推出 $C_{\alpha-\beta}$ 及 $S_{\alpha+\beta}$, 从而推出 $T_{\alpha\pm\beta}$. 在 $S_{\alpha+\beta}$, $C_{\alpha+\beta}$, $T_{\alpha+\beta}$ 中令 $\alpha = \beta$ 就得到二倍角公式. 可见这些公式的内在联系. 我们在进行三角恒等变换时, 方法也就比较灵活. 从不同的角度思考问题, 就有不同的解法. 希望读者经过学习, 能把握三角恒等变换的一些基本

规律.

例1 求证：

（1）$\cot \dfrac{\alpha}{2} - \tan \dfrac{\alpha}{2} = 2\cot \alpha.$

（2）$\cot \dfrac{\alpha}{2} + \tan \dfrac{\alpha}{2} = \dfrac{2}{\sin \alpha}.$

证明　证法1：（化为正弦、余弦）

$$（1）\cot \dfrac{\alpha}{2} - \tan \dfrac{\alpha}{2} = \dfrac{\cos \dfrac{\alpha}{2}}{\sin \dfrac{\alpha}{2}} - \dfrac{\sin \dfrac{\alpha}{2}}{\cos \dfrac{\alpha}{2}}$$

$$= \dfrac{\cos^2 \dfrac{\alpha}{2} - \sin^2 \dfrac{\alpha}{2}}{\sin \dfrac{\alpha}{2}\cos \dfrac{\alpha}{2}}$$

$$= \dfrac{\cos \alpha}{\dfrac{1}{2}\sin \alpha}$$

$$= 2\cot \alpha$$

$$（2）\cot \dfrac{\alpha}{2} + \tan \dfrac{\alpha}{2} = \dfrac{\cos \dfrac{\alpha}{2}}{\sin \dfrac{\alpha}{2}} + \dfrac{\sin \dfrac{\alpha}{2}}{\cos \dfrac{\alpha}{2}}$$

$$= \dfrac{\cos^2 \dfrac{\alpha}{2} + \sin^2 \dfrac{\alpha}{2}}{\sin \dfrac{\alpha}{2}\cos \dfrac{\alpha}{2}}$$

$$= \dfrac{1}{\dfrac{1}{2}\sin \alpha}$$

$$= \dfrac{2}{\sin \alpha}$$

证法2：（化为同函数）

$$(1)\cot\frac{\alpha}{2}-\tan\frac{\alpha}{2}=\frac{1}{\tan\frac{\alpha}{2}}-\tan\frac{\alpha}{2}=\frac{1-\tan^2\frac{\alpha}{2}}{\tan\frac{\alpha}{2}}$$

$$=2\cot\alpha（万能公式）$$

$$(2)\cot\frac{\alpha}{2}+\tan\frac{\alpha}{2}=\frac{1}{\tan\frac{\alpha}{2}}+\tan\frac{\alpha}{2}=\frac{1+\tan^2\frac{\alpha}{2}}{\tan\frac{\alpha}{2}}$$

$$=\frac{2}{\sin\alpha}$$

证法3：（用半角公式）

$$(1)\cot\frac{\alpha}{2}-\tan\frac{\alpha}{2}=\frac{1+\cos\alpha}{\sin\alpha}-\frac{1-\cos\alpha}{\sin\alpha}$$

$$=\frac{2\cos\alpha}{\sin\alpha}=2\cot\alpha$$

$$(2)\cot\frac{\alpha}{2}+\tan\frac{\alpha}{2}=\frac{1+\cos\alpha}{\sin\alpha}+\frac{1-\cos\alpha}{\sin\alpha}$$

$$=\frac{2}{\sin\alpha}$$

在进行三角恒等变换时，要善于观察和利用角之间的特殊关系.

例2 设 $0<\beta<\frac{\pi}{2}<\alpha<\pi$，且 $\cos\left(\alpha-\frac{\beta}{2}\right)=-\frac{1}{9}$，$\sin\left(\frac{\alpha}{2}-\beta\right)=\frac{2}{3}$，求 $\cos(\alpha+\beta)$ 的值.

分析 $\left(\alpha-\frac{\beta}{2}\right)-\left(\frac{\alpha}{2}-\beta\right)=\frac{\alpha+\beta}{2}$

$$\alpha+\beta=2\cdot\frac{\alpha+\beta}{2}$$

三角函数

解 由

$$\frac{\pi}{4} < \alpha - \frac{\beta}{2} < \pi, \cos\left(\alpha - \frac{\beta}{2}\right) = -\frac{1}{9}$$

得

$$\sin\left(\alpha - \frac{\beta}{2}\right) = \frac{4\sqrt{5}}{9}$$

由

$$-\frac{\pi}{4} < \frac{\alpha}{2} - \beta < \frac{\pi}{2}, \sin\left(\frac{\alpha}{2} - \beta\right) = \frac{2}{3}$$

得

$$\cos\left(\frac{\alpha}{2} - \beta\right) = \frac{\sqrt{5}}{3}$$

$$\cos\frac{\alpha+\beta}{2} = \cos\left[\left(\alpha - \frac{\beta}{2}\right) - \left(\frac{\alpha}{2} - \beta\right)\right]$$

$$= \cos\left(\alpha - \frac{\beta}{2}\right)\cos\left(\frac{\alpha}{2} - \beta\right) +$$

$$\sin\left(\alpha - \frac{\beta}{2}\right)\sin\left(\frac{\alpha}{2} - \beta\right)$$

$$= -\frac{1}{9} \times \frac{\sqrt{5}}{3} + \frac{4\sqrt{5}}{9} \times \frac{2}{3}$$

$$= \frac{7\sqrt{5}}{27}$$

$$\cos(\alpha + \beta) = 2\cos^2\frac{\alpha+\beta}{2} - 1$$

$$= 2 \times \left(\frac{7\sqrt{5}}{27}\right)^2 - 1$$

$$= -\frac{239}{729}$$

例3 化简 $\dfrac{2\cos^2\alpha - 1}{2\tan\left(\dfrac{\pi}{4} - \alpha\right)\sin^2\left(\dfrac{\pi}{4} + \alpha\right)}$.

分析 $\left(\dfrac{\pi}{4} - \alpha\right) + \left(\dfrac{\pi}{4} + \alpha\right) = \dfrac{\pi}{2}$，可将分母化为

$\dfrac{\pi}{4} - \alpha$ 或 $\dfrac{\pi}{4} + \alpha$ 的函数.

解 原式 $= \dfrac{\cos 2\alpha}{2\tan\left(\dfrac{\pi}{4} - \alpha\right)\cos^2\left(\dfrac{\pi}{4} - \alpha\right)}$

$= \dfrac{\cos 2\alpha}{2\sin\left(\dfrac{\pi}{4} - \alpha\right)\cos\left(\dfrac{\pi}{4} - \alpha\right)}$

$= \dfrac{\cos 2\alpha}{\sin\left(\dfrac{\pi}{2} - 2\alpha\right)}$

$= \dfrac{\cos 2\alpha}{\cos 2\alpha} = 1$

例 4 求证：$\dfrac{\sin(2\alpha + \beta)}{\sin \alpha} - 2\cos(\alpha + \beta) = \dfrac{\sin \beta}{\sin \alpha}$.

分析 $2\alpha + \beta = (\alpha + \beta) + \alpha, \beta = (\alpha + \beta) - \alpha$.

证明

左边 $= \dfrac{\sin(2\alpha + \beta) - 2\cos(\alpha + \beta)\sin \alpha}{\sin \alpha}$

$= \dfrac{\sin(\alpha + \beta)\cos \alpha + \cos(\alpha + \beta)\sin \alpha - 2\cos(\alpha + \beta)\sin \alpha}{\sin \alpha}$

$= \dfrac{\sin(\alpha + \beta)\cos \alpha - \cos(\alpha + \beta)\sin \alpha}{\sin \alpha}$

$= \dfrac{\sin[(\alpha + \beta) - \alpha]}{\sin \alpha} = \dfrac{\sin \beta}{\sin \alpha} = $ 右边

所以原式成立.

例 5 已知 A, B, C 是斜 $\triangle ABC$ 的三个内角, 求证:

(1) $\tan A + \tan B + \tan C = \tan A \tan B \tan C$.

(2) $\tan \dfrac{A}{2}\tan \dfrac{B}{2} + \tan \dfrac{B}{2}\tan \dfrac{C}{2} + \tan \dfrac{C}{2}\tan \dfrac{A}{2} = 1$.

证明 $(1)A + B + C = \pi, A + B = \pi - C$

$$\tan(A + B) = \tan(\pi - C)$$

$$\frac{\tan A + \tan B}{1 - \tan A\tan B} = -\tan C$$

$$\tan A + \tan B = -\tan C + \tan A\tan B\tan C$$

所以

$$\tan A + \tan B + \tan C = \tan A\tan B\tan C$$

(2) 由 $A + B + C = \pi$,得

$$\frac{A}{2} + \frac{B}{2} = \frac{\pi}{2} - \frac{C}{2}$$

$$\tan\left(\frac{A}{2} + \frac{B}{2}\right) = \tan\left(\frac{\pi}{2} - \frac{C}{2}\right)$$

$$\frac{\tan\dfrac{A}{2} + \tan\dfrac{B}{2}}{1 - \tan\dfrac{A}{2}\tan\dfrac{B}{2}} = \cot\frac{C}{2} = \frac{1}{\tan\dfrac{C}{2}}$$

所以

$$\tan\frac{A}{2}\tan\frac{C}{2} + \tan\frac{B}{2}\tan\frac{C}{2} = 1 - \tan\frac{A}{2}\tan\frac{B}{2}$$

即 $\tan\dfrac{A}{2}\tan\dfrac{B}{2} + \tan\dfrac{B}{2}\tan\dfrac{C}{2} + \tan\dfrac{C}{2}\tan\dfrac{A}{2} = 1$

本题得证.

$$2\sin\left(x + \frac{\pi}{3}\right) = 2\left(\sin x\cos\frac{\pi}{3} + \cos x\sin\frac{\pi}{3}\right)$$

$$= \sin x + \sqrt{3}\cos x$$

反过来有

$$\sin x + \sqrt{3}\cos x = 2\sin\left(x + \frac{\pi}{3}\right)$$

这为我们研究形如 $y = a\sin x + b\cos x$ 的函数提供了一般方法,即可把 $a\sin x + b\cos x$ 化为一个角的一个三角函数的形式.

设

$$a\sin x + b\cos x = k\sin(x + \phi)$$
$$= k\sin x\cos \phi + k\cos x\sin \phi$$

则

$$\begin{cases} a = k\cos \phi \\ b = k\sin \phi \end{cases}$$

$$\left(\frac{a}{k}\right)^2 + \left(\frac{b}{k}\right)^2 = 1$$

所以 $k = \pm\sqrt{a^2 + b^2}$,不妨取 $k = \sqrt{a^2 + b^2}$,则

$$a\sin x + b\cos x$$

$$= \sqrt{a^2 + b^2}\left(\sin x \cdot \frac{a}{\sqrt{a^2 + b^2}} + \cos x \cdot \frac{b}{\sqrt{a^2 + b^2}}\right)$$

$$= \sqrt{a^2 + b^2}\left(\sin x\cos \phi + \cos x\sin \phi\right)$$

$$= \sqrt{a^2 + b^2}\sin(x + \phi)$$

其中 ϕ 由

$$\begin{cases} \cos \phi = \dfrac{a}{\sqrt{a^2 + b^2}} \\ \sin \phi = \dfrac{b}{\sqrt{a^2 + b^2}} \end{cases}$$

确定. 根据三角函数的定义,也可以认为角 ϕ 的终边经过点 (a,b).

例6 求下列各式的值:

(1) $\dfrac{1}{\sin 10°} - \dfrac{\sqrt{3}}{\cos 10°}$.

(2) $\sin 50°(1 + \sqrt{3}\tan 10°)$.

(3) $\sin(x + 60°) + 2\sin(x - 60°) - \sqrt{3}\cos(120° - x)$.

解 (1) $\dfrac{1}{\sin 10°} - \dfrac{\sqrt{3}}{\cos 10°} = \dfrac{\cos 10° - \sqrt{3}\sin 10°}{\sin 10°\cos 10°}$

$$= \frac{2\left(\cos 10° \cdot \dfrac{1}{2} - \sin 10° \cdot \dfrac{\sqrt{3}}{2}\right)}{\sin 10°\cos 10°}$$

$$= \frac{2(\cos 10°\cos 60° - \sin 10°\sin 60°)}{\dfrac{1}{2}\sin 20°}$$

$$= \frac{4\cos 70°}{\sin 20°} = 4$$

（2）　$1 + \sqrt{3}\tan 10° = \dfrac{\cos 10° + \sqrt{3}\sin 10°}{\cos 10°}$

$$= \frac{2\left(\cos 10° \cdot \dfrac{1}{2} + \sin 10° \cdot \dfrac{\sqrt{3}}{2}\right)}{\cos 10°}$$

$$= \frac{2(\cos 10°\sin 30° + \sin 10°\cos 30°)}{\cos 10°}$$

$$= \frac{2\sin 40°}{\cos 10°}$$

所以

$$原式 = \sin 50° \cdot \frac{2\sin 40°}{\cos 10°} = \cos 40° \cdot \frac{2\sin 40°}{\cos 10°}$$

$$= \frac{\sin 80°}{\cos 10°} = 1$$

（3）由

$$(x + 60°) + (120° - x) = 180°$$

得　　　$\cos(120° - x) = -\cos(x + 60°)$

所以

　原式

$= \sin(x + 60°) + \sqrt{3}\cos(x + 60°) + 2\sin(x - 60°)$

$= 2\left[\sin(x + 60°)\cos 60° + \cos(x + 60°)\sin 60°\right] +$

　$2\sin(x - 60°)$

$$= 2\sin(x + 120°) + 2\sin(x - 60°)$$

又由

$$(x + 120°) - (x - 60°) = 180°$$

得

$$\sin(x + 120°) = -\sin(x - 60°)$$

所以原式 $= 0$.

例7　根据条件,求 x 的取值范围.

(1) $\sin x + \cos x > 0$.

(2) $\sin x - \cos x > 0$.

解　$\sin x \pm \cos x = \sqrt{2}\left(\sin x \cdot \dfrac{\sqrt{2}}{2} \pm \cos x \cdot \dfrac{\sqrt{2}}{2}\right)$

$$= \sqrt{2}\left(\sin x\cos\dfrac{\pi}{4} \pm \cos x\sin\dfrac{\pi}{4}\right)$$

$$= \sqrt{2}\sin\left(x \pm \dfrac{\pi}{4}\right)$$

(1) 由 $\sin x + \cos x > 0$,得

$$\sin\left(x + \dfrac{\pi}{4}\right) > 0$$

$$2k\pi < x + \dfrac{\pi}{4} < 2k\pi + \pi \quad (k \in \mathbf{Z})$$

$$2k\pi - \dfrac{\pi}{4} < x < 2k\pi + \dfrac{3\pi}{4} \quad (k \in \mathbf{Z})$$

(2) 由 $\sin x - \cos x > 0$,得

$$\sin\left(x - \dfrac{\pi}{4}\right) > 0$$

$$2k\pi < x - \dfrac{\pi}{4} < 2k\pi + \pi \quad (k \in \mathbf{Z})$$

$$2k\pi + \dfrac{\pi}{4} < x < 2k\pi + \dfrac{5\pi}{4} \quad (k \in \mathbf{Z})$$

这与我们在 1 节中利用三角函数线探究的结论是一

致的.

例8 求 $\sin \alpha + 2\cos \alpha$ 的取值范围.

$(1)\alpha \in \mathbf{R};(2)\alpha \in \left(0,\dfrac{\pi}{2}\right);(3)\alpha \in [0,\pi].$

解 $\sin \alpha + 2\cos \alpha = \sqrt{5}\sin(\alpha + \phi)$

其中 ϕ 由

$$\begin{cases} \cos \phi = \dfrac{1}{\sqrt{5}} \\ \sin \phi = \dfrac{2}{\sqrt{5}} \end{cases}$$

确定.

$(1)\alpha \in \mathbf{R}$ 时,$\sin(\alpha + \phi) \in [-1,1],(\sin \alpha + 2\cos \alpha) \in [-\sqrt{5},\sqrt{5}]$.

$(2)\alpha \in \left(0,\dfrac{\pi}{2}\right)$ 时,$(\alpha + \phi) \in \left[\phi,\dfrac{\pi}{2} + \phi\right]$,$\sin(\alpha + \phi) \in \left[\dfrac{1}{\sqrt{5}},1\right]$,$(\sin \alpha + 2\cos \alpha) \in [1,\sqrt{5}]$.

$(3)\alpha \in [0,\pi]$ 时,$(\alpha + \phi) \in [\phi,\pi + \phi]$,$\sin(\alpha + \phi) \in \left[-\dfrac{2}{\sqrt{5}},1\right]$,$(\sin \alpha + 2\cos \alpha) \in [-2,\sqrt{5}]$.

利用和角公式、差角公式,还可以推导出 $\dfrac{\pi}{2} \pm \alpha$, $\dfrac{3\pi}{2} \pm \alpha$ 的三角函数值,其等于 α 的相应的余函数值,并在前面加上一个把 α 看成锐角时原函数值的符号.

联系到 1.1 节中的诱导公式,全部诱导公式可以概括为"奇变偶不变,符号看象限",或者"奇余偶同,象限定号".

例 9　化简

$$\sin(-1\,071°)\sin 99° + \sin(-171°)\sin(-261°)$$

解

$$\sin(-1\,071°) = \sin(-3 \times 360° + 9°) = \sin 9°$$

$$\sin 99° = \sin(90° + 9°) = \cos 9°$$

$$\sin(-171°) = -\sin 171° = -\sin(180° - 9°) = -\sin 9°$$

$$\sin(-261°) = -\sin 261° = -\sin(270° - 9°) = \cos 9°$$

所以

$$原式 = \sin 9°\cos 9° - \sin 9°\cos 9° = 0$$

例 10　设当 $n = 4k + 1 (k \in \mathbf{Z})$ 时，$f(\cos x) = \cos nx$，求证：$f(\sin x) = \sin nx$.

证明　$$f(\sin x) = f\left[\cos\left(\frac{\pi}{2} - x\right)\right]$$

$$= \cos n\left(\frac{\pi}{2} - x\right)$$

$$= \cos\left[(4k + 1)\left(\frac{\pi}{2} - x\right)\right]$$

$$= \cos\left[2k\pi + \frac{\pi}{2} - (4k + 1)x\right]$$

$$= \cos\left[\frac{\pi}{2} - (4k + 1)x\right]$$

$$= \sin(4k + 1)x$$

$$= \sin nx$$

所以

$$f(\sin x) = \sin nx$$

二倍角的正弦、余弦公式可变形为

$$\sin \alpha\cos \alpha = \frac{1}{2}\sin 2\alpha$$

$$\sin^2\alpha = \frac{1 - \cos 2\alpha}{2}$$

$$\cos^2\alpha = \frac{1 + \cos 2\alpha}{2}$$

这些等式在三角恒等变换中起到降幂的作用.

三角函数式中,幂可升可降,这是它的特色之一.

例 11　求角 $\frac{\pi}{8}$ 的正弦、余弦、正切值.

解　$\sin^2\dfrac{\pi}{8} = \dfrac{1 - \cos\dfrac{\pi}{4}}{2} = \dfrac{1 - \dfrac{\sqrt{2}}{2}}{2} = \dfrac{2 - \sqrt{2}}{4}$

由 $\sin\dfrac{\pi}{8} > 0$,得

$$\sin\frac{\pi}{8} = \frac{1}{2}\sqrt{2 - \sqrt{2}}$$

同理可得

$$\cos\frac{\pi}{8} = \frac{1}{2}\sqrt{2 + \sqrt{2}}$$

从而

$$\tan\frac{\pi}{8} = \frac{\sin\dfrac{\pi}{8}}{\cos\dfrac{\pi}{8}} = \sqrt{\frac{2 - \sqrt{2}}{2 + \sqrt{2}}} = \sqrt{3 - 2\sqrt{2}} = \sqrt{2} - 1$$

或者

$$\tan\frac{\pi}{8} = \frac{\sin\dfrac{\pi}{8}}{\cos\dfrac{\pi}{8}} = \frac{\sin^2\dfrac{\pi}{8}}{\sin\dfrac{\pi}{8}\cos\dfrac{\pi}{8}} = \frac{1 - \cos\dfrac{\pi}{4}}{\sin\dfrac{\pi}{4}}$$

$$= \frac{1 - \dfrac{\sqrt{2}}{2}}{\dfrac{\sqrt{2}}{2}} = \sqrt{2} - 1$$

例 12　化简:

(1) $\sin 6°\sin 42°\sin 66°\sin 78°$.

(2) $\sin^2\alpha + \sin^2\left(\dfrac{\pi}{3} + \alpha\right) + \sin^2\left(\dfrac{\pi}{3} - \alpha\right)$.

解　(1)　$\sin 6°\sin 42°\sin 66°\sin 78°$

$= \sin 6°\cos 12°\cos 24°\cos 48°$

$= \dfrac{\sin 6°\cos 6°\cos 12°\cos 24°\cos 48°}{\cos 6°}$

$= \dfrac{\dfrac{1}{16}\sin 96°}{\cos 6°} = \dfrac{1}{16}$

(2)　$\sin^2\alpha + \sin^2\left(\dfrac{\pi}{3} + \alpha\right) + \sin^2\left(\dfrac{\pi}{3} - \alpha\right)$

$= \dfrac{1 - \cos 2\alpha}{2} + \dfrac{1 - \cos\left(\dfrac{2\pi}{3} + 2\alpha\right)}{2} +$

　$\dfrac{1 - \cos\left(\dfrac{2\pi}{3} - 2\alpha\right)}{2}$

$= \dfrac{3}{2} - \dfrac{1}{2}\left[\cos 2\alpha + \cos\left(\dfrac{2\pi}{3} + 2\alpha\right) +\right.$

　$\left.\cos\left(\dfrac{2\pi}{3} - 2\alpha\right)\right]$

$= \dfrac{3}{2} - \dfrac{1}{2}\left[\cos 2\alpha + 2\cos\dfrac{2\pi}{3}\cos 2\alpha\right]$

$= \dfrac{3}{2} - \dfrac{1}{2}(\cos 2\alpha - \cos 2\alpha)$

$= \dfrac{3}{2}$

例 13　把 $a\sin^2 x + b\sin x\cos x + c\cos^2 x$ 化为一个角的一个三角函数的形式.

解 $a\sin^2 x + b\sin x\cos x + c\cos^2 x$

$$= \frac{a}{2}(1 - \cos 2x) + \frac{b}{2}\sin 2x + \frac{c}{2}(1 + \cos 2x)$$

$$= \frac{1}{2}[b\sin 2x + (c - a)\cos 2x] + \frac{a + c}{2}$$

$$= \frac{1}{2}\sqrt{b^2 + (c - a)^2}\sin(2x + \phi) + \frac{a + c}{2}$$

其中 ϕ 由

$$\begin{cases} \cos\phi = \dfrac{b}{\sqrt{b^2 + (c - a)^2}} \\ \sin\phi = \dfrac{c - a}{\sqrt{b^2 + (c - a)^2}} \end{cases}$$

确定.

由 $S_{\alpha \pm \beta}$ 和 $C_{\alpha \pm \beta}$ 可推导出三角函数的积化和差公式

$$\sin\alpha\cos\beta = \frac{1}{2}[\sin(\alpha + \beta) + \sin(\alpha - \beta)]$$

$$\cos\alpha\sin\beta = \frac{1}{2}[\sin(\alpha + \beta) - \sin(\alpha - \beta)]$$

$$\cos\alpha\cos\beta = \frac{1}{2}[\cos(\alpha + \beta) + \cos(\alpha - \beta)]$$

$$\sin\alpha\sin\beta = -\frac{1}{2}[\cos(\alpha + \beta) - \cos(\alpha - \beta)]$$

及三角函数的和差化积公式

$$\sin\alpha + \sin\beta = 2\sin\frac{\alpha + \beta}{2}\cos\frac{\alpha - \beta}{2}$$

$$\sin\alpha - \sin\beta = 2\cos\frac{\alpha + \beta}{2}\sin\frac{\alpha - \beta}{2}$$

$$\cos\alpha + \cos\beta = 2\cos\frac{\alpha + \beta}{2}\cos\frac{\alpha - \beta}{2}$$

$$\cos\alpha - \cos\beta = -2\sin\frac{\alpha + \beta}{2}\sin\frac{\alpha - \beta}{2}$$

和差与积互化也是三角恒等变换的重要手段.

例 14　求下列各式的值：

(1) $\cos^2 24° + \sin^2 6° + \cos^2 18°$.

(2) $\tan 20° + 4\cos 70°$.

解　(1)　$\cos^2 24° + \sin^2 6° + \cos^2 18°$

$$= \frac{3}{2} + \frac{1}{2}(\cos 48° - \cos 12° + \cos 36°)$$

$$= \frac{3}{2} + \frac{1}{2}(-2\sin 30°\sin 18° + \cos 36°)$$

$$= \frac{3}{2} + \frac{1}{2}(\sin 54° - \sin 18°)$$

$$= \frac{3}{2} + \cos 36°\sin 18°$$

$$= \frac{3}{2} + \frac{\sin 18°\cos 18°\cos 36°}{\cos 18°}$$

$$= \frac{3}{2} + \frac{\frac{1}{4}\sin 72°}{\cos 18°}$$

$$= \frac{3}{2} + \frac{1}{4} = \frac{7}{4}$$

(2)　$\tan 20° + 4\cos 70°$

$$= \frac{\sin 20°}{\cos 20°} + 4\sin 20°$$

$$= \frac{\sin 20° + 2\sin 40°}{\cos 20°}$$

$$= \frac{\sin 20° + \sin 40° + \sin 40°}{\cos 20°}$$

$$= \frac{2\sin 30°\cos 10° + \sin 40°}{\cos 20°}$$

$$= \frac{\sin 80° + \sin 40°}{\cos 20°}$$

$$= \frac{2\sin 60°\cos 20°}{\cos 20°}$$

$$= \sqrt{3}$$

例 15 化简 $\cos^2\phi + \cos^2(\theta + \phi) - 2\cos\theta \cdot \cos\phi\cos(\theta + \phi)$.

解 原式 $= 1 + \frac{1}{2}[\cos 2\phi + \cos 2(\theta + \phi)] -$

$$2\cos\theta\cos\phi\cos(\theta + \phi)$$

$$= 1 + \cos(2\phi + \theta)\cos\theta -$$

$$\cos\theta[\cos(2\phi + \theta) + \cos\theta]$$

$$= 1 - \cos^2\theta = \sin^2\theta$$

例 16 已知 $\triangle ABC$ 的三个内角满足 $A + C = 2B$,

$\dfrac{1}{\cos A} + \dfrac{1}{\cos C} = -\dfrac{\sqrt{2}}{\cos B}$, 求 $\cos\dfrac{A - C}{2}$ 的值.

解 由 $A + B + C = 180°$ 及 $A + C = 2B$ 得

$$B = 60°, A + C = 120°, -\frac{\sqrt{2}}{\cos B} = -2\sqrt{2}$$

所以

$$\frac{1}{\cos A} + \frac{1}{\cos C} = -2\sqrt{2}$$

$$\cos A + \cos C = -2\sqrt{2}\cos A\cos C$$

由和差化积和积化和差公式,得

$$2\cos\frac{A + C}{2}\cos\frac{A - C}{2}$$

$$= -\sqrt{2}[\cos(A + C) + \cos(A - C)]$$

$$\cos\frac{A - C}{2} = \frac{\sqrt{2}}{2} - \sqrt{2}\left(2\cos^2\frac{A - C}{2} - 1\right)$$

化简,得

$$4\sqrt{2}\cos^2\frac{A - C}{2} + 2\cos\frac{A - C}{2} - 3\sqrt{2} = 0$$

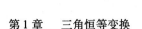

$$\left(2\cos\frac{A-C}{2}-\sqrt{2}\right)\left(2\sqrt{2}\cos\frac{A-C}{2}+3\right)=0$$

因为

$$2\sqrt{2}\cos\frac{A-C}{2}+3\neq0$$

所以

$$\cos\frac{A-C}{2}=\frac{\sqrt{2}}{2}$$

例 17　求证

$$2\sin^4x+\frac{3}{4}\sin^22x+5\cos^4x-\cos 3x\cos x$$

$$=2(1+\cos^2x)$$

分析　左边含有 $x,2x,3x$ 的三角函数,宜化为 $2x$ 的三角函数.

证明

$$左边=2\cdot\left(\frac{1-\cos 2x}{2}\right)^2+\frac{3}{4}\sin^22x+$$

$$5\cdot\left(\frac{1+\cos 2x}{2}\right)^2-\frac{1}{2}(2\cos^22x-1+\cos 2x)$$

$$=2\times\frac{1}{4}+5\times\frac{1}{4}+\frac{1}{2}-\cos 2x+$$

$$\frac{5}{2}\cos 2x-\frac{1}{2}\cos 2x+\frac{1}{2}\cos^22x+$$

$$\frac{3}{4}\sin^22x+\frac{5}{4}\cos^22x-\cos^22x$$

$$=\frac{9}{4}+\cos 2x+\frac{3}{4}=3+\cos 2x$$

$$右边=2\left(1+\frac{1+\cos 2x}{2}\right)=3+\cos 2x$$

所以原式成立.

例 18 在 $\triangle ABC$ 中,求证

$$\sin^2 A + \sin^2 B + \sin^2 C = 2 + 2\cos A\cos B\cos C$$

证明 $\sin^2 A + \sin^2 B + \sin^2 C$

$$= \frac{1 - \cos 2A}{2} + \frac{1 - \cos 2B}{2} + \frac{1 - \cos 2C}{2}$$

$$= \frac{3}{2} - \frac{1}{2}(\cos 2A + \cos 2B + \cos 2C)$$

而 $\quad \cos 2A + \cos 2B + \cos 2C$

$$= \cos 2A + \cos 2B + \cos 2(A + B)$$

$$= 2\cos(A + B)\cos(A - B) + 2\cos^2(A + B) - 1$$

$$= 2\cos(A + B)\left[\cos(A - B) + \cos(A + B)\right] - 1$$

$$= 4\cos(A + B)\cos A\cos B - 1$$

$$= -4\cos A\cos B\cos C - 1$$

所以

$$\sin^2 A + \sin^2 B + \sin^2 C$$

$$= \frac{3}{2} - \frac{1}{2}(-4\cos A\cos B\cos C - 1)$$

$$= 2 + 2\cos A\cos B\cos C$$

练 习 1.2

1. 求下列各式的值:

(1) $\cos 195°$.

(2) $\sin 15° - \sin 75°$.

(3) $\dfrac{\tan 15° - 1}{\tan 15° + 1}$.

(4) $\tan 17° + \tan 28° + \tan 17°\tan 28°$.

(5) $\dfrac{\sin 7° + \cos 15°\sin 8°}{\cos 7° - \sin 15° \cdot \sin 8°}$.

(6) $\tan 67°30' - \tan 22°30'$.

2. 化简下列各式：

(1) $\dfrac{\cos^2\alpha}{\cot\dfrac{\alpha}{2} - \tan\dfrac{\alpha}{2}}$.

(2) $\dfrac{2\sin\theta - \sin 2\theta}{2\sin\theta + \sin 2\theta}$.

(3) $\tan 5° + \cot 5° - \dfrac{2}{\cos 80°}$.

(4) $\tan\left(\dfrac{\pi}{4} + \alpha\right) - \tan\left(\dfrac{\pi}{4} - \alpha\right)$.

(5) $\sin A\cos^5 A - \cos A\sin^5 A$.

(6) $\cos\left(x + \dfrac{\pi}{6}\right) + \cos\left(x - \dfrac{\pi}{3}\right)$.

3. 填空：

(1) 已知 $\sin x = \dfrac{\sqrt{5} - 1}{2}$，则 $\sin 2\left(x - \dfrac{\pi}{4}\right) =$ _____.

(2) 已知 $\sin\left(\dfrac{\pi}{4} - x\right) = \dfrac{5}{13}$，则 $\sin 2x =$ _____.

(3) 已知 $x \in \left(\dfrac{\pi}{4}, \dfrac{\pi}{2}\right)$，$\sin\left(\dfrac{\pi}{4} - x\right) = -\dfrac{3}{5}$，则 $\sin 2x =$ _____.

(4) 已知 $\theta \in \left(\dfrac{3\pi}{2}, 2\pi\right)$，则 $\sqrt{1 + \sin\theta} - \sqrt{1 - \sin\theta} =$ _____.

4. 证明下列恒等式：

(1) $\sin(\alpha + \beta)\sin(\alpha - \beta) = \sin^2\alpha - \sin^2\beta$.

(2) $\dfrac{1}{\tan 3A - \tan A} - \dfrac{1}{\cot 3A - \cot A} = \cot 2A$.

（3） $\sin\alpha + \sin\beta - \cos\alpha\sin(\alpha+\beta)$

$= 2\sin\alpha\sin^2\dfrac{\alpha+\beta}{2}.$

（4） $\left(\cos\dfrac{\alpha}{2} - \sin\dfrac{\alpha}{2}\right)\left(\cos\dfrac{\alpha}{2} + \sin\alpha\right)\cdot$

$\left(1 + \tan\alpha\tan\dfrac{\alpha}{2}\right) = 1.$

（5） $\sin^4\alpha = \dfrac{3}{8} - \dfrac{1}{2}\cos 2\alpha + \dfrac{1}{8}\cos 4\alpha.$

（6） $\cot\alpha - \tan\alpha - 2\tan 2\alpha - 4\tan 4\alpha = 8\cot 8\alpha.$

5. 已知 $\dfrac{\pi}{2} < \beta < \alpha < \dfrac{3\pi}{4}$，$\cos(\alpha-\beta) = \dfrac{12}{13}$，

$\sin(\alpha+\beta) = -\dfrac{3}{5}$，求 $\sin 2\alpha$ 的值.

6. 已知 α,β 都是锐角，$\cos\alpha = \dfrac{4}{5}$，$\tan(\alpha-\beta) =$

$-\dfrac{1}{3}$，求 $\cos\beta$ 的值.

7. 已知 $\tan 2\theta = -2\sqrt{2}$，$\dfrac{\pi}{4} < \theta < \dfrac{\pi}{2}$，求

$\dfrac{2\cos^2\dfrac{\theta}{2} - \sin\theta - 1}{\sqrt{2}\sin\left(\theta + \dfrac{\pi}{4}\right)}$ 的值.

8. 已知 α 为锐角，$\cos\alpha - \sin\alpha = -\dfrac{\sqrt{10}}{5}$，求

$\dfrac{\sin 2\alpha - \cos 2\alpha + 1}{1 - \tan\alpha}$ 的值.

9. 若 $\tan\theta,\cot\theta$ 是关于 x 的方程 $2x^2 - 2kx + k -$

$3 = 0$ 的两个实根，且 $\pi < \theta < \dfrac{5\pi}{4}$，求 $\cos\theta - \sin\theta$

44

的值.

10. 设方程 $x^2 + px + q = 0$ 的两个根是 $\tan\theta$ 和 $\tan\left(\dfrac{\pi}{4} - \theta\right)$,且这两个根之比为 $3:2$,求 p,q 的值.

11. 已知 α,β 都是锐角,且
$$3\sin^2\alpha + 2\sin^2\beta = 1$$
$$3\sin 2\alpha - 2\sin 2\beta = 0$$
求证:$\alpha + 2\beta = \dfrac{\pi}{2}$.

12. 已知 $\sin\alpha + \sin\beta = \dfrac{1}{2}$,$\cos\alpha + \cos\beta = \dfrac{2}{3}$,求 $\cos(\alpha - \beta)$ 的值.

13. 已知 $\sin A + \sin B + \sin C = 0$,$\cos A + \cos B + \cos C = 0$,求 $\cos(A - B)$ 的值.

14. 设 $\sin\alpha$ 和 $\sin\beta$ 是方程
$$x^2 - \sqrt{2}\cos 20° \cdot x + \cos^2 20° - \dfrac{1}{2} = 0$$
的两个根,且 $0° < \alpha < \beta < 90°$,求 α 和 β 的度数.

15. 已知 $\sin\alpha + \sin\beta = 1$,$\cos\alpha + \cos\beta = 0$,求 $\cos 2\alpha + \cos 2\beta$ 的值.

16. 已知 $\tan x = a$,求 $\dfrac{3\sin x + \sin 3x}{3\cos x + \cos 3x}$ 的值.

17. 已知 $\sin\alpha + \sin\beta = \dfrac{1}{4}$,$\cos\alpha + \cos\beta = \dfrac{1}{3}$,求 $\tan(\alpha + \beta)$ 的值.

18. 证明下列恒等式:

$(1)\tan\dfrac{3x}{2} - \tan\dfrac{x}{2} = \dfrac{2\sin x}{\cos x + \cos 2x}$.

$(2)\dfrac{\sin^2 A - \sin^2 B}{\sin A\cos A - \sin B\cos B} = \tan(A + B)$.

（3）$4\cos\alpha\cos(60° + \alpha)\cos(60° - \alpha) = \cos 3\alpha$.

（4）$\sin\dfrac{\theta}{2}\sin\dfrac{5\theta}{2} + \sin\dfrac{3\theta}{2}\sin\dfrac{9\theta}{2} = \sin 2\theta\sin 4\theta$.

19. 已知 $\sin A + \sin 3A + \sin 5A = a$，$\cos A + \cos 3A +\cos 5A = b$，求证：

（1）当 $b \neq 0$ 时，$\tan 3A = \dfrac{a}{b}$.

（2）$(1 + 2\cos 2A)^2 = a^2 + b^2$.

20. 已知 $\dfrac{\tan(\alpha - \beta)}{\tan\alpha} + \dfrac{\sin^2 x}{\sin^2\alpha} = 1$，求证：$\tan^2 x = \tan\alpha\tan\beta$.

三角函数的图象及性质

第

2

章

利用正弦线、正切线可以比较精确地作出正弦函数、正切函数的图象. 由于 $\cos x = \sin\left(x + \dfrac{\pi}{2}\right)$,所以把 $y = \sin x$ 的图象向左平移 $\dfrac{\pi}{2}$ 个单位,就得到余弦函数 $y = \cos x$ 的图象.

我们可以看出,在长度为一个周期的闭区间上,有五个点(即函数值取最大和最小的点以及函数值为 0 的点)在确定正弦函数、余弦函数图象的形状时起着关键性的作用. 因此,在精确度要求不太高时,可找出这五个点来画出正弦函数、余弦函数以及与它们类似的一些函数(特别是函数 $y = A\sin(\omega x + \phi)$)的简图. 这种画函数简图的方法俗称"五点法".

函数 $f(x - a) + b$ 的图象可由 $f(x)$ 的图象作平移变换得到. $a > 0$ 时将图象向右平移 a 个单位, $a < 0$ 时向左平移 $|a|$ 个单位; $b > 0$ 时将图象向上平移 b 个单位, $b < 0$ 时向下平移 $|b|$ 个单位.

还可以通过横、纵坐标的伸长和缩短来得到 $f(ax)$ 和 $af(x)(a>0)$ 的图象.

这些变换在三角函数图象中有着广泛的应用.

例1 已知函数 $y=\sin 2x-\sqrt{3}\cos 2x(x\in \mathbf{R})$.

(1) 画出函数的简图.

(2) 这个函数的图象可由 $y=\sin x$ 的图象经过怎样的平移和伸缩变换得到?

解 (1) $y=\sin 2x-\sqrt{3}\cos 2x$

$$=2\left(\sin 2x\cdot \frac{1}{2}-\cos 2x\cdot \frac{\sqrt{3}}{2}\right)$$

$$=2\left(\sin 2x\cos \frac{\pi}{3}-\cos 2x\sin \frac{\pi}{3}\right)$$

$$=2\sin\left(2x-\frac{\pi}{3}\right)$$

按五个关键点列表 2.1.

表 2.1

x	$\frac{\pi}{6}$	$\frac{5\pi}{12}$	$\frac{2\pi}{3}$	$\frac{11\pi}{12}$	$\frac{7\pi}{6}$
$2x-\frac{\pi}{3}$	0	$\frac{\pi}{2}$	π	$\frac{3\pi}{2}$	2π
$2\sin\left(2x-\frac{\pi}{3}\right)$	0	2	0	-2	0

描点画图,如图 2.1 所示.

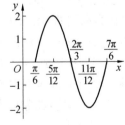

图 2.1

把 $y = 2\sin\left(2x - \dfrac{\pi}{3}\right)$ 在 $\left[\dfrac{\pi}{6}, \dfrac{7\pi}{6}\right]$ 上的简图向左、右分别扩展,就得到 $y = 2\sin\left(2x - \dfrac{\pi}{3}\right)$ $(x \in \mathbf{R})$ 的简图,即 $y = \sin 2x - \sqrt{3}\cos 2x\,(x \in \mathbf{R})$ 的简图.

（2）将 $y = \sin x$ 图象上所有的点向右平移 $\dfrac{\pi}{3}$ 个单位长度,得到 $y = \sin\left(x - \dfrac{\pi}{3}\right)$, $x \in \mathbf{R}$ 的图象;将 $y = \sin\left(x - \dfrac{\pi}{3}\right)$, $x \in \mathbf{R}$ 图象上所有点的横坐标缩短到原来的 $\dfrac{1}{2}$ (纵坐标不变),得到函数 $y = \sin\left(2x - \dfrac{\pi}{3}\right)$, $x \in \mathbf{R}$ 的图象;将 $y = \sin\left(2x - \dfrac{\pi}{3}\right)$, $x \in \mathbf{R}$ 图象上所有点的纵坐标伸长到原来的 2 倍(横坐标不变),得到函数 $y = 2\sin\left(2x - \dfrac{\pi}{3}\right)$, $x \in \mathbf{R}$,即 $y = \sin 2x - \sqrt{3}\cos 2x\,(x \in \mathbf{R})$ 的图象.

说明　也可先对其横坐标作伸缩变换.

将 $y = \sin x$, $x \in \mathbf{R}$ 图象上所有点的横坐标缩短到原来的 $\dfrac{1}{2}$,得到 $y = \sin 2x$, $x \in \mathbf{R}$ 的图象.

请读者注意,若令 $g(x) = \sin 2x$,则

$$\sin\left(2x - \dfrac{\pi}{3}\right) = \sin 2\left(x - \dfrac{\pi}{6}\right) = g\left(x - \dfrac{\pi}{6}\right)$$

所以,将 $y = \sin 2x$, $x \in \mathbf{R}$ 的图象上所有的点向右平移 $\dfrac{\pi}{6}$ 个单位长度,就得到

$$y = \sin 2\left(x - \dfrac{\pi}{6}\right) = \sin\left(2x - \dfrac{\pi}{3}\right) \quad (x \in \mathbf{R})$$

的图象.

例 2 函数 $f(x)$ 的横坐标伸长到原来的 2 倍(纵坐标不变),再向左平移 $\frac{\pi}{2}$ 个单位,所得的曲线是函数 $y = \frac{1}{2}\sin x$ 的图象,试求 $f(x)$ 的解析式.

分析 问题的实质是已知 $f\left[\frac{1}{2}\left(x + \frac{\pi}{2}\right)\right] = \frac{1}{2}\sin x$,求 $f(x)$,可有如下两种解法:

解 解法 1:设 $\frac{1}{2}\left(x + \frac{\pi}{2}\right) = t$,则 $x = 2t - \frac{\pi}{2}$,所以

$$f(t) = \frac{1}{2}\sin\left(2t - \frac{\pi}{2}\right)$$

即

$$f(x) = \frac{1}{2}\sin\left(2x - \frac{\pi}{2}\right)$$

解法 2:由于没有对纵坐标实施伸缩变换,可设

$$f(x) = \frac{1}{2}\sin(\omega x + \phi)$$

得

$$f\left[\frac{1}{2}\left(x + \frac{\pi}{2}\right)\right] = \frac{1}{2}\sin\left[\omega \cdot \frac{1}{2}\left(x + \frac{\pi}{2}\right) + \phi\right]$$

$$= \frac{1}{2}\sin\left(\frac{\omega}{2}x + \frac{\omega\pi}{4} + \phi\right)$$

由

$$f\left[\frac{1}{2}\left(x + \frac{\pi}{2}\right)\right] = \frac{1}{2}\sin x$$

得

$$\begin{cases} \dfrac{\omega}{2} = 1 \\ \dfrac{\omega\pi}{4} + \phi = 0 \end{cases}$$

所以

$$\omega = 2, \phi = -\frac{\pi}{2}, f(x) = \frac{1}{2}\sin\left(2x - \frac{\pi}{2}\right)$$

解法3：逆向思维

将 $y = \dfrac{1}{2}\sin x$ 图象上所有的点向右平移 $\dfrac{\pi}{2}$ 个单位得

到 $y = \dfrac{1}{2}\sin\left(x - \dfrac{\pi}{2}\right)$ 的图象. 再将 $y = \dfrac{1}{2}\sin\left(x - \dfrac{\pi}{2}\right)$ 图

象上所有的点的横坐标缩短到原来的 $\dfrac{1}{2}$（纵坐标不

变），得到 $y = \dfrac{1}{2}\sin\left(2x - \dfrac{\pi}{2}\right)$ 的图象. 所以 $f(x) =$

$\dfrac{1}{2}\sin\left(2x - \dfrac{\pi}{2}\right)$.

例3　已知图2.2是函数 $y = 2\sin(\omega x + \phi)$

$\left(|\phi| < \dfrac{\pi}{2}\right)$ 的图象，那么（　　　）.

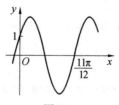

图2.2

A. $\omega = \dfrac{10}{11}, \phi = \dfrac{\pi}{6}$　　　　B. $\omega = \dfrac{10}{11}, \phi = -\dfrac{\pi}{6}$

C. $\omega = 2, \phi = \dfrac{\pi}{6}$　　　　D. $\omega = 2, \phi = -\dfrac{\pi}{6}$

解　解法 1：将图象上两个点的坐标 $(0,1)$，$\left(\frac{11\pi}{12},0\right)$ 代入 $y = 2\sin(\omega x + \phi)$ 得

$$\begin{cases} 2\sin\phi = 1 & ① \\ 2\sin\left(\omega \cdot \frac{11\pi}{12} + \phi\right) = 0 & ② \end{cases}$$

由式 ① 及 $|\phi| < \frac{\pi}{2}$ 得 $\phi = \frac{\pi}{6}$.

观察图象，由式 ② 得

$$\omega \cdot \frac{11\pi}{12} + \frac{\pi}{6} = 2\pi$$

所以 $\omega = 2$.

解法 2：由 $\frac{11\pi}{12} - \left(-\frac{\phi}{\omega}\right) = \frac{2\pi}{\omega}$ 得

$$\frac{2\pi}{\omega} - \frac{\pi}{6\omega} = \frac{11\pi}{12}, \omega = 2$$

正弦、余弦、正切函数的主要性质可以列表归纳如下（表 2.2）：

表 2.2

函数	正弦函数	余弦函数	正切函数
定义域	**R**	**R**	$\{x \mid x \neq \frac{\pi}{2} + k\pi, k \in \mathbf{Z}\}$
值域	$[-1,1]$ 最大值为 1 最小值为 -1	$[-1,1]$ 最大值为 1 最小值为 -1	**R** 函数无最大值、最小值
周期性	周期为 2π	周期为 2π	周期为 π

续表 2.2

函数	正弦函数	余弦函数	正切函数
奇偶性	奇函数	偶函数	奇函数
单调性	在 $\left[-\dfrac{\pi}{2}+2k\pi, \dfrac{\pi}{2}+2k\pi\right]$ 上都是增函数；在 $\left[\dfrac{\pi}{2}+2k\pi,\dfrac{3\pi}{2}+2k\pi\right]$ 上都是减函数$(k\in\mathbf{Z})$	在 $\left[(2k-1)\pi,2k\pi\right]$ 上都是增函数；在 $\left[2k\pi,(2k+1)\pi\right]$ 上都是减函数$(k\in\mathbf{Z})$	在 $\left(-\dfrac{\pi}{2}+k\pi, \dfrac{\pi}{2}+k\pi\right)$ 上都是增函数$(k\in\mathbf{Z})$

例 4　(1) 已知函数 $f(x)$ 的定义域是 $(-1,1)$，求 $f(2\cos x-1)$ 的定义域.

(2) 求函数 $y=\sqrt{\sin x}+\sqrt{16-x^2}$ 的定义域.

解　(1) 由 $-1<2\cos x-1<1$ 得 $0<\cos x<1$，则

$$-\frac{\pi}{2}+2k\pi<x<\frac{\pi}{2}+2k\pi \text{ 且 } x\neq 2k\pi \quad (k\in\mathbf{Z})$$

所求的定义域为

$$\left(-\frac{\pi}{2}+2k\pi,2k\pi\right)\cup\left(2k\pi,\frac{\pi}{2}+2k\pi\right),k\in\mathbf{Z}$$

(2) 由 $\begin{cases}\sin x\geqslant 0\\16-x^2\geqslant 0\end{cases}$，得

$$\begin{cases}2k\pi\leqslant x\leqslant 2k\pi+\pi \quad (k\in\mathbf{Z})\\-4\leqslant x\leqslant 4\end{cases}$$

所以定义域为 $[-4,-\pi]\cup[0,\pi]$（图 2.3）.

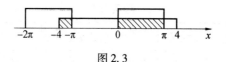

图 2.3

$y = \sin x, y = \cos x, x \in \mathbf{R}$ 的值域都是 $[-1,1]$，在求三角函数的值域和证明三角不等式的问题中，都有广泛的应用.

关于求三角函数的值域，常见的形式有：

（1）$y = A\sin(\omega x + \phi)$. 例如函数 $y = a\sin x + b\cos x$，$y = a\sin^2 x + b\sin x\cos x + c\cos^2 x$ 都可以化为这种形式.

（2）$y = a\sin^2 x + b\sin x + c$. 这个问题等价于求 $y = ax^2 + bx + c, x \in [-1,1]$ 的值域.

例 5 已知函数 $y = \dfrac{1}{2}\cos^2 x + \dfrac{\sqrt{3}}{2}\sin x\cos x + 1$，$x \in \mathbf{R}$.

（1）当函数 y 取得最大值时，求自变量 x 的集合.

（2）该函数的图象可由 $y = \sin x (x \in \mathbf{R})$ 的图象经过怎样的平移和伸缩变换得到?

解 （1）$y = \dfrac{1}{2}\cos^2 x + \dfrac{\sqrt{3}}{2}\sin x\cos x + 1$

$$= \frac{\sqrt{3}}{4}\sin 2x + \frac{1}{4}\cos 2x + \frac{5}{4}$$

$$= \frac{1}{2}\sin\left(2x + \frac{\pi}{6}\right) + \frac{5}{4}$$

y 取得最大值，当且仅当

$$2x + \frac{\pi}{6} = \frac{\pi}{2} + 2k\pi \quad (k \in \mathbf{Z})$$

即

$$x = \frac{\pi}{6} + k\pi \quad (k \in \mathbf{Z})$$

所以当函数 y 取得最大值时, 自变量 x 的集合为

$\left\{ x \mid x = \dfrac{\pi}{6} + k\pi, k \in \mathbf{Z} \right\}$.

（2）将函数 $y = \sin x$ 的图象依次进行如下变换：

① 把函数 $y = \sin x$ 的图象上所有的点向左平移 $\dfrac{\pi}{6}$ 个单位长度, 得到 $y = \sin\left(x + \dfrac{\pi}{6} \right)$ 的图象.

② 把函数 $y = \sin\left(x + \dfrac{\pi}{6} \right)$ 图象上所有点的横坐标缩短到原来的 $\dfrac{1}{2}$（纵坐标不变）, 得到函数 $y = \sin\left(2x + \dfrac{\pi}{6} \right)$ 的图象.

③ 把函数 $y = \sin\left(2x + \dfrac{\pi}{6} \right)$ 图象上所有点的纵坐标缩短到原来的 $\dfrac{1}{2}$（横坐标不变）, 得到函数 $y = \dfrac{1}{2}\sin\left(2x + \dfrac{\pi}{6} \right)$ 的图象.

④ 把函数 $y = \dfrac{1}{2}\sin\left(2x + \dfrac{\pi}{6} \right)$ 图象上所有的点向上平移 $\dfrac{5}{4}$ 个单位长度, 得到函数 $y = \dfrac{1}{2}\sin\left(2x + \dfrac{\pi}{6} \right) + \dfrac{5}{4}$ 的图象.

综上得到函数 $y = \dfrac{1}{2}\cos^2 x + \dfrac{\sqrt{3}}{2}\sin x \cos x + 1, x \in \mathbf{R}$ 的图象.

例 6　求函数 $y = \sin^2 x - 2a\sin x + 1$ 的最大、最

小值.

解 $y = \sin^2 x - 2a\sin x + 1 = (\sin x - a)^2 + 1 - a^2$.

下面就 a 的取值进行讨论.

①若 $a < -1$,则当 $\sin x = -1$ 时,$y_{\min} = 2 + 2a$;当 $\sin x = 1$ 时,$y_{\max} = 2 - 2a$.

②若 $-1 \leqslant a < 0$,则当 $\sin x = a$ 时,$y_{\min} = 1 - a^2$;当 $\sin x = 1$ 时,$y_{\max} = 2 - 2a$.

③若 $0 \leqslant a \leqslant 1$,则当 $\sin x = a$ 时,$y_{\min} = 1 - a^2$;当 $\sin x = -1$ 时,$y_{\max} = 2 + 2a$.

④若 $a > 1$,则当 $\sin x = 1$ 时,$y_{\min} = 2 - 2a$;当 $\sin x = -1$ 时,$y_{\max} = 2 + 2a$.

例7 求函数 $y = \dfrac{\cos x - 3}{\cos x + 3}$ 的值域.

解 解法 $1:y = \dfrac{\cos x - 3}{\cos x + 3} = 1 + \dfrac{-6}{\cos x + 3}$.

由 $-1 \leqslant \cos x \leqslant 1$ 得

$$2 \leqslant \cos x + 3 \leqslant 4$$

$$\frac{1}{4} \leqslant \frac{1}{\cos x + 3} \leqslant \frac{1}{2}$$

$$-3 \leqslant \frac{-6}{\cos x + 3} \leqslant -\frac{3}{2}$$

$$-2 \leqslant 1 + \frac{-6}{\cos x + 3} \leqslant -\frac{1}{2}$$

所以函数 $y = \dfrac{\cos x - 3}{\cos x + 3}$ 的值域是 $\left[-2, -\dfrac{1}{2} \right]$.

解法 $2:$令 $t = \cos x$,则

$$y = 1 + \frac{-6}{t + 3} \quad (t \in [-1,1])$$

该函数在 $[-1,1]$ 上是增函数：

当 $t=-1$，即 $\cos x=-1$ 时，$y_{\min}=-2$.

当 $t=1$，即 $\cos x=1$ 时，$y_{\max}=-\dfrac{1}{2}$.

所以值域为 $\left[-2,-\dfrac{1}{2}\right]$.

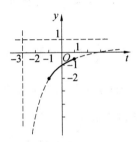

图 2.4

解法 3：由 $y=\dfrac{\cos x-3}{\cos x+3}$ 得

$$(y-1)\cos x=-3(y+1)$$

因为 $y\neq 1$，所以

$$\cos x=\dfrac{-3(y+1)}{y-1}$$

再由 $|\cos x|\leqslant 1$ 得

$$\left|\dfrac{-3(y+1)}{y-1}\right|\leqslant 1$$

这个不等式等价于 $2y^2+5y+2\leqslant 0$.

解这个关于 y 的不等式得 $-2\leqslant y\leqslant-\dfrac{1}{2}$，所以函

数 $y=\dfrac{\cos x-3}{\cos x+3}$ 的值域为 $\left[-2,-\dfrac{1}{2}\right]$.

例 8　求函数 $y=\dfrac{\tan^2 x-\tan x+1}{\tan^2 x+\tan x+1}$ 的值域.

解 解法 1:原式可变形为

$$\tan^2 x - \tan x + 1 = y(\tan^2 x + \tan x + 1)$$

$$(y-1)\tan^2 x + (y+1)\tan x + (y-1) = 0$$

当 $y \neq 1$ 时,因为上述关于 $\tan x$ 的一元二次方程有实数根,所以

$$(y+1)^2 - 4(y-1)^2 \geqslant 0$$

解得

$$\frac{1}{3} \leqslant y \leqslant 3$$

又当 $\tan x = 0$ 时 $y = 1$. 所以函数的值域为 $\left[\frac{1}{3}, 3\right]$.

解法 2:原式可变形为

$$y = 1 + \frac{-2\tan x}{\tan^2 x + \tan x + 1}$$

当 $\tan x = 0$ 时 $y = 1$.

当 $\tan x \neq 0$ 时,变形为

$$y = 1 + \frac{-2}{\tan x + \dfrac{1}{\tan x} + 1}$$

若 $\tan x > 0$,则 $\tan x + \dfrac{1}{\tan x} \geqslant 2, \dfrac{1}{3} \leqslant y < 1$.

若 $\tan x < 0$,则 $\tan x + \dfrac{1}{\tan x} \leqslant -2, 1 < y \leqslant 3$.

所以值域为 $\left[\dfrac{1}{3}, 1\right) \cup \{1\} \cup (1, 3] = \left[\dfrac{1}{3}, 3\right]$.

例 9 求函数 $y = \sin x \cos x + \sin x + \cos x$ 的最大值.

解 设 $\sin x + \cos x = t$,则

$$\sin x \cos x = \frac{t^2 - 1}{2}$$

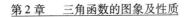

$$t = \sqrt{2}\sin\left(x + \frac{\pi}{4}\right)$$

则 $-\sqrt{2} \le t \le \sqrt{2}$,所以

$$y = \frac{t^2 - 1}{2} + t = \frac{1}{2}(t + 1)^2 - 1 \quad (t \in [-\sqrt{2}, \sqrt{2}])$$

对称轴是 $t = -1$,故当 $t = \sqrt{2}$ 时,即 $x = \frac{\pi}{4} + 2k\pi$ ($k \in$

Z) 时,函数 y 取得最大值 $\frac{1}{2} + \sqrt{2}$.

例 10　将一块圆心角为 120°,半径是 20 cm 的扇形铁片裁成一块矩形,如图 2.5 和图 2.6 有两种裁法:让矩形一边在扇形的一条半径 OA 上,或让矩形的一边与弦 AB 平行,请问哪一种裁法能得到最大面积的矩形,并求出这个最大值.

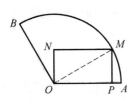
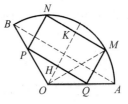

图 2.5　　　　　图 2.6

解　若采用第一种裁法,联结 MO ,设 $\angle MOP = \theta(0° < \theta < 90°)$,则 $MP = 20\sin\theta$, $OP = 20\cos\theta$,矩形 $MPON$ 的面积

$$S_1 = MP \cdot OP = 20\sin\theta \cdot 20\cos\theta = 200\sin 2\theta$$

当 $\theta = 45°$ 时, S_1 的最大值为 200 cm^2 .

若采用第二种裁法,连 MO ,连 $\angle MOK = \alpha$,0° $<$ $\alpha < 60°$. 则

$$MK = 20\sin\alpha, OK = 20\cos\alpha$$

$$OH = HQ \cdot \cot 60° = MK \cdot \cot 60° = \frac{20\sqrt{3}}{3}\sin \alpha$$

所以

$$KH = OK - OH = 20\cos \alpha - \frac{20\sqrt{3}}{3}\sin \alpha$$

矩形 $PQMN$ 的面积

$$S_2 = (2MK) \cdot KH = 40\sin \alpha(20\cos \alpha - \frac{20\sqrt{3}}{3}\sin \alpha)$$

$$= 800(\sin \alpha\cos \alpha - \frac{\sqrt{3}}{3}\sin^2\alpha)$$

$$= 400\left[\sin 2\alpha - \frac{\sqrt{3}}{3}(1 - \cos 2\alpha)\right]$$

$$= 400\left[\frac{2\sqrt{3}}{3}\sin(2\alpha + 30°) - \frac{\sqrt{3}}{3}\right]$$

当 $2\alpha + 30° = 90°$，即 $\alpha = 30°$ 时，S_2 取最大值 $\frac{400\sqrt{3}}{3}$ cm².

因为 $\frac{400\sqrt{3}}{3} > 200$，故采用第二种裁法能得到最大面积的矩形，面积的最大值为 $\frac{400\sqrt{3}}{3}$ cm².

例 11 已知定义在 $(-\infty, 3]$ 上的单调减函数 $f(x)$，使得 $f(a^2 - \sin x) < f(a + 1 + \cos^2 x)$ 对一切实数 x 都成立，求 a 的取值范围.

解 依题意得

$$\begin{cases} a^2 - \sin x \leqslant 3 \\ a + 1 + \cos^2 x \leqslant 3 \\ a^2 - \sin x > a + 1 + \cos^2 x \end{cases}$$

即

$$\begin{cases} a^2 \leqslant 3 + \sin x \\ a \leqslant 2 - \cos^2 x \\ a^2 - a - 2 > -\sin^2 x + \sin x \end{cases}$$

对一切 x 都成立,所以

$$\begin{cases} a^2 \leqslant (3 + \sin x)_{\min} \\ a \leqslant (2 - \cos^2 x)_{\min} \\ a^2 - a - 2 > (-\sin^2 x + \sin x)_{\max} \end{cases}$$

即

$$\begin{cases} a^2 \leqslant 2 \\ a \leqslant 1 \\ a^2 - a - 2 > \dfrac{1}{4} \end{cases}$$

所以 $-\sqrt{2} \leqslant a < \dfrac{1 - \sqrt{10}}{2}$.

例 12 若方程 $\sin^2 x + \cos x + a = 0$ 有解,求实数 a 的取值范围.

解 解法 1:原方程可变形为

$$\cos^2 x - \cos x - 1 - a = 0$$

当 $\Delta = (-1)^2 - 4(-1 - a) = 5 + 4a \geqslant 0$ 时,即当 $a \geqslant -\dfrac{5}{4}$ 时

$$\cos x = \dfrac{1 \pm \sqrt{5 + 4a}}{2}$$

但 $|\cos x| \leqslant 1$. 所以

$$-1 \leqslant \dfrac{1 + \sqrt{5 + 4a}}{2} \leqslant 1 \text{ 或 } -1 \leqslant \dfrac{1 - \sqrt{5 + 4a}}{2} \leqslant 1$$

解这两个不等式,得 $-\dfrac{5}{4} \leqslant a \leqslant 1$.

解法 2：设 $X = \cos x$，$f(X) = X^2 - X - 1 - a$，且 $X \in [-1, 1]$. 原方程有解，等价于 $f(X)$ 的图象与 X 轴在 $[-1, 1]$ 上有交点. 这要分在 $[-1, 1]$ 上有一个交点和两个交点两种情形考虑.

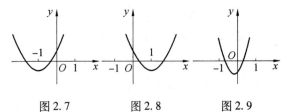

图 2.7　　　　图 2.8　　　　图 2.9

所以

$$f(-1)f(1) \leqslant 0 \text{ 或} \begin{cases} f(-1) \geqslant 0 \\ f(1) \geqslant 0 \\ \Delta \geqslant 0 \\ -1 < \dfrac{1}{2} < 1 \end{cases}$$

即

$$(1-a)(-1-a) \leqslant 0 \text{ 或} \begin{cases} 1-a \geqslant 0 \\ -1-a \geqslant 0 \\ 5+4a \geqslant 0 \end{cases}$$

$$-1 \leqslant a \leqslant 1 \text{ 或} -\frac{5}{4} \leqslant a \leqslant 1$$

所以 a 的取值范围是 $-\dfrac{5}{4} \leqslant a \leqslant 1$.

解法 3：原方程可变形为
$$a = \cos^2 x - \cos x - 1$$

视 a 为 x 的函数，则 $a = \left(\cos x - \dfrac{1}{2}\right)^2 - \dfrac{5}{4}$，这个函数的值域 $\left[-\dfrac{5}{4}, 1\right]$ 就是 a 的取值范围.

例 13　已知 $3\sin^2\alpha + 2\sin^2\beta = 2\sin\alpha$，求 $\sin^2\alpha + \sin^2\beta$ 的取值范围.

解　由已知条件得

$$\sin^2\beta = \sin\alpha - \frac{3}{2}\sin^2\alpha$$

$$\sin^2\alpha + \sin^2\beta = \sin^2\alpha + \sin\alpha - \frac{3}{2}\sin^2\alpha$$

$$= -\frac{1}{2}\sin^2\alpha + \sin\alpha$$

$$= -\frac{1}{2}(\sin\alpha - 1)^2 + \frac{1}{2}$$

值得注意的是这里 $\sin\alpha$ 的取值范围不一定是 $[-1,1]$，它受到已知条件的约束. 应该由

$$\begin{cases} 0 \leqslant \sin\alpha - \dfrac{3}{2}\sin^2\alpha \leqslant 1 \\ -1 \leqslant \sin\alpha \leqslant 1 \end{cases}$$

来确定 $\sin\alpha$ 的取值范围，即 $\sin\alpha \in \left[0, \dfrac{2}{3}\right]$. 从而 $\sin^2\alpha + \sin^2\beta$ 的取值范围是 $\left[0, \dfrac{4}{9}\right]$.

正弦函数 $y = \sin x$ 在 $\left[-\dfrac{\pi}{2} + 2k\pi, \dfrac{\pi}{2} + 2k\pi\right]$ 上都是增函数；在 $\left[\dfrac{\pi}{2} + 2k\pi, \dfrac{3\pi}{2} + 2k\pi\right]$ 上都是减函数 $(k \in \mathbf{Z})$.

余弦函数 $y = \cos x$ 在 $[(2k-1)\pi, 2k\pi]$ 上都是增函数，在 $[2k\pi, (2k+1)\pi]$ 上都是减函数 $(k \in \mathbf{Z})$.

正切函数 $y = \tan x$ 在 $\left(-\dfrac{\pi}{2} + k\pi, \dfrac{\pi}{2} + k\pi\right)$ 内都是增函数 $(k \in \mathbf{Z})$.

三角函数

三角函数的单调性主要应用于比较三角函数值的大小,求三角函数式的取值范围及证明三角不等式等方面.

例 14 若 $0 < \alpha < \beta < \dfrac{\pi}{4}$,$\sin \alpha + \cos \alpha = a$,$\sin \beta + \cos \beta = b$,则( ).

A. $ab < 1$ B. $a > b$ C. $a < b$ D. $ab > 2$

解 $a = \sin \alpha + \cos \alpha = \sqrt{2} \sin\left(\alpha + \dfrac{\pi}{4}\right)$

$$b = \sin \beta + \cos \beta = \sqrt{2} \sin\left(\beta + \dfrac{\pi}{4}\right)$$

由 $0 < \alpha < \beta < \dfrac{\pi}{4}$,得

$$\frac{\pi}{4} < \alpha + \frac{\pi}{4} < \beta + \frac{\pi}{4} < \frac{\pi}{2}$$

函数 $y = \sin x$ 在 $\left(\dfrac{\pi}{4}, \dfrac{\pi}{2}\right)$ 内是增函数,所以

$$\sin\left(\alpha + \frac{\pi}{4}\right) < \sin\left(\beta + \frac{\pi}{4}\right)$$

故 $a < b$. 选 C.

例 15 将 $\sin 123°, \cos 1, \tan 2, \cot 3$ 按从大到小的顺序排列.

解 $\sin 123° > 0, \cos 1 > 0, \tan 2 < 0, \cot 3 < 0$.所以只需分别比较 $\sin 123°$ 和 $\cos 1, \tan 2$ 和 $\cot 3$ 的大小

$$\sin 123° = \sin(90° + 33°) = \cos 33° \cdot \cos 1$$
$$\approx \cos 57°18'$$
$$\cos 33° > \cos 57°18'$$

即

$$\sin 123° > \cos 1$$

$$\cot 3 = \tan\left(\frac{\pi}{2} - 3\right) = \tan\left(\frac{3\pi}{2} - 3\right)$$

$$\frac{\pi}{2} < \frac{3\pi}{2} - 3 < 2 < \frac{3\pi}{2}$$

$y = \tan x$ 在 $\left(\frac{\pi}{2}, \frac{3\pi}{2}\right)$ 内是增函数，所以

$$\tan\left(\frac{3\pi}{2} - 3\right) < \tan 2$$

即

$$\cot 3 < \tan 2$$

所以

$$\sin 123° > \cos 1 > \tan 2 > \cot 3$$

例 16　求下列函数的单调递增区间：

$(1) y = \sin\left(-2x + \frac{\pi}{3}\right)$.

$(2) y = \cos^2 x - \cos x + 2$.

解　（1）解法 1：函数 $y = \sin\left(-2x + \frac{\pi}{3}\right)$ 可以看

作是由 $y = \sin u, u \in \mathbf{R}$ 和 $u = -2x + \frac{\pi}{3}, x \in \mathbf{R}$ 复合而

成的. $u = -2x + \frac{\pi}{3}$ 在 $\mathbf{R}$ 上是减函数，所以求函数 $y =$

$\sin u$ 的单调递减区间

$$2k\pi + \frac{\pi}{2} \leqslant u \leqslant 2k\pi + \frac{3\pi}{2}$$

即

$$2k\pi + \frac{\pi}{2} \leqslant -2x + \frac{\pi}{3} \leqslant 2k\pi + \frac{3\pi}{2}$$

$$-k\pi - \frac{7\pi}{12} \leqslant x \leqslant -k\pi - \frac{\pi}{12} \quad (k \in \mathbf{Z})$$

所以函数 $y = \sin\left(-2x + \dfrac{\pi}{3}\right)$ 的单调递增区间是

$\left[k\pi - \dfrac{7\pi}{12}, k\pi - \dfrac{\pi}{12}\right]$ $(k \in \mathbf{Z})$.

解法2:将函数解析式变形为

$$y = \sin\left(2x + \dfrac{2\pi}{3}\right)$$

解不等式

$$2k\pi - \dfrac{\pi}{2} \leqslant 2x + \dfrac{2\pi}{3} \leqslant 2kx + \dfrac{\pi}{2}$$

即

$$k\pi - \dfrac{7\pi}{12} \leqslant x \leqslant k\pi - \dfrac{\pi}{12} \quad (k \in \mathbf{Z})$$

就是原函数的单调递增区间.

(2) $y = \cos^2 x - \cos x + 2 = \left(\cos x - \dfrac{1}{2}\right)^2 + \dfrac{7}{4}$ 可

以看作是由 $y = \left(u - \dfrac{1}{2}\right)^2 + \dfrac{7}{4}, u \in [-1,1]$ 和 $u = \cos x, x \in \mathbf{R}$ 复合而成的.

$y = \left(u - \dfrac{1}{2}\right)^2 + \dfrac{7}{4}, u \in [-1,1]$ 在 $\left[-1, \dfrac{1}{2}\right]$ 上

是减函数,在 $\left[\dfrac{1}{2}, 1\right]$ 上是增函数.

当 $-1 \leqslant u \leqslant \dfrac{1}{2}$,即 $-1 \leqslant \cos x \leqslant \dfrac{1}{2}$ 时

$$2k\pi + \dfrac{\pi}{3} \leqslant x \leqslant 2k\pi + \dfrac{5\pi}{3} \quad (k \in \mathbf{Z})$$

在此条件下,$u = \cos x$ 在 $\left[2k\pi + \dfrac{\pi}{3}, 2k\pi + \pi\right]$ 上是减

函数,在 $\left[2k\pi + \pi, 2k\pi + \dfrac{5\pi}{3}\right]$ 上是增函数. 因此,

$\left[2k\pi + \dfrac{\pi}{3}, 2k\pi + \pi\right]$ 是函数 $y = \cos^2 x - \cos x + 2$ 的单调递增区间 $(k \in \mathbf{Z})$.

当 $\dfrac{1}{2} \leqslant u \leqslant 1$, 即 $\dfrac{1}{2} \leqslant \cos x \leqslant 1$ 时

$$2k\pi - \dfrac{\pi}{3} \leqslant x \leqslant 2k\pi + \dfrac{\pi}{3} \quad (k \in \mathbf{Z})$$

在此条件下, $u = \cos x$ 在 $\left[2k\pi - \dfrac{\pi}{3}, 2k\pi\right]$ 上是增函数, 在 $\left[2k\pi, 2k\pi + \dfrac{\pi}{3}\right]$ 上是减函数. 因此 $\left[2k\pi - \dfrac{\pi}{3}, 2k\pi\right]$ 是函数 $y = \cos^2 x - \cos x + 2$ 的单调递增区间 $(k \in \mathbf{Z})$.

综上所述, 函数 $y = \cos^2 x - \cos x + 2$ 的单调递增区间是 $\left[2k\pi - \dfrac{\pi}{3}, 2k\pi\right]$, $\left[2k\pi + \dfrac{\pi}{3}, 2k\pi + \pi\right]$ $(k \in \mathbf{Z})$.

例 17 求证 $\sin(\cos \theta) < \cos(\sin \theta)$.

分析 (1) 转化为同名三角函数, 以便利用三角函数的单调性.

原不等式等价于 $\sin(\cos \theta) < \sin\left(\dfrac{\pi}{2} \pm \sin \theta\right)$.

(2) $\cos \theta \in [-1, 1] \subseteq \left[-\dfrac{\pi}{2}, \dfrac{\pi}{2}\right]$

$\sin \theta \in [-1, 1], \dfrac{\pi}{2} - \sin \theta \in \left[\dfrac{\pi}{2} - 1, \dfrac{\pi}{2} + 1\right]$

$$\dfrac{\pi}{2} + \sin \theta \in \left[\dfrac{\pi}{2} - 1, \dfrac{\pi}{2} + 1\right]$$

而 $\dfrac{\pi}{2} + 1 > \dfrac{\pi}{2}$, 所以就 $\sin \theta$ 的值分类讨论.

(3) $\sin \theta \in [0,1]$ 时,$\dfrac{\pi}{2} - \sin \theta \in \left[\dfrac{\pi}{2} - 1, \dfrac{\pi}{2}\right] \subseteq \left[-\dfrac{\pi}{2}, \dfrac{\pi}{2}\right]$. 原不等式等价于

$$\sin(\cos \theta) < \sin\left(\dfrac{\pi}{2} - \sin \theta\right)$$

$y = \sin x$ 在 $\left[-\dfrac{\pi}{2}, \dfrac{\pi}{2}\right]$ 上是增函数,所以只需证明 $\cos \theta < \dfrac{\pi}{2} - \sin \theta$,即

$$\cos \theta + \sin \theta < \dfrac{\pi}{2}$$

当 $\sin \theta \in [-1,0]$ 时,$\dfrac{\pi}{2} + \sin \theta \in \left[\dfrac{\pi}{2} - 1, \dfrac{\pi}{2}\right] \subseteq \left[-\dfrac{\pi}{2}, \dfrac{\pi}{2}\right]$,原不等式等价于

$$\sin(\cos \theta) < \sin\left(\dfrac{\pi}{2} + \sin \theta\right)$$

同理,只需证明 $\cos \theta < \dfrac{\pi}{2} + \sin \theta$,即

$$\cos \theta - \sin \theta < \dfrac{\pi}{2}$$

(4) 因为 $\cos \theta \pm \sin \theta = \sqrt{2}\cos\left(\theta \mp \dfrac{\pi}{4}\right) < \sqrt{2} < \dfrac{\pi}{2}$ 成立,所以原不等式成立.

对于函数 $f(x)$,如果存在一个非零常数 T,使得当 x 取定义域内的每一个值时,都有

$$f(x + T) = f(x)$$

那么函数 $f(x)$ 就叫作周期函数. 非零常数 T 叫作这个函数的周期.

对于一个周期函数 $f(x)$，如果在它的所有周期中存在一个最小的正数，那么这个最小正数就叫作 $f(x)$ 的最小正周期.

例 18　试证明 $f(x) = |\sin x| + |\cos x|$ 的最小正周期是 $\dfrac{\pi}{2}$.

证明

$$f\left(x + \frac{\pi}{2}\right) = \left|\sin\left(x + \frac{\pi}{2}\right)\right| + \left|\cos\left(x + \frac{\pi}{2}\right)\right|$$
$$= |\cos x| + |-\sin x|$$
$$= |\sin x| + |\cos x| = f(x)$$

所以 $\dfrac{\pi}{2}$ 是 $f(x)$ 的一个周期.

设 $0 < T < \dfrac{\pi}{2}$ 也是 $f(x)$ 的周期，则

$$|\sin(x + T)| + |\cos(x + T)| = |\sin x| + |\cos x| \qquad ①$$

对于任何 $x \in \mathbf{R}$ 都成立. 特别地，$x = 0$ 时也应成立，就是

$$|\sin T| + |\cos T| = \sin T + \cos T = 1$$

但当 $0 < T < \dfrac{\pi}{2}$ 时，$\dfrac{\pi}{4} < T + \dfrac{\pi}{4} < \dfrac{3\pi}{4}$

$$\sin T + \cos T = \sqrt{2}\sin\left(T + \frac{\pi}{4}\right) > \sqrt{2} \cdot \frac{\sqrt{2}}{2} = 1$$

这说明满足 ① 且小于 $\dfrac{\pi}{2}$ 的正数 T 不存在，$\dfrac{\pi}{2}$ 是 $f(x)$ 的最小正周期.

例 19　求函数 $y = \sin 3x + \tan \dfrac{2}{5}x$ 的周期.

解 $\sin 3x$ 的周期是 $\dfrac{2\pi}{3}$，$\tan \dfrac{2}{5}x$ 的周期是 $\dfrac{5\pi}{2}$. 因为 3 和 2 的最小公倍数是 6，视 $\dfrac{2\pi}{3} = 4 \cdot \dfrac{\pi}{6}$，$\dfrac{5\pi}{2} = 15 \cdot \dfrac{\pi}{6}$. 又 4 和 15 的最小公倍数是 60，所以 $\dfrac{2\pi}{3}$ 和 $\dfrac{5\pi}{2}$ 的最小公倍数是 $60 \cdot \dfrac{\pi}{6} = 10\pi$，即函数 $y = \sin 3x + \tan \dfrac{2}{5}x$ 的周期是 10π.

三角函数都是周期函数，但周期函数不一定都是三角函数. 例如：

（1）若偶函数 $f(x)$ 满足 $f(a+x) = f(a-x)(a \neq 0)$，则

$$f(x+2a) = f[a+(x+a)] = f[a-(x+a)]$$
$$= f(-x) = f(x)$$

$f(x)$ 是以 $2a$ 为周期的函数.

（2）若奇函数 $f(x)$ 满足 $f(a+x) = -f(a-x)(a \neq 0)$，则

$$f(x+2a) = f[a+(x+a)] = -f[a-(x+a)]$$
$$= -f(-x) = f(x)$$

$f(x)$ 也是以 $2a$ 为周期的函数.

三角函数图象的对称性也是值得我们关注的问题.

$y = \sin x$ 的图象关于直线 $x = k\pi + \dfrac{\pi}{2}$ 对称，关于点 $(k\pi, 0)$ 对称 $(k \in \mathbf{Z})$.

$y = \cos x$ 的图象关于直线 $x = k\pi$ 对称，关于点 $\left(k\pi + \dfrac{\pi}{2}, 0\right)$ 对称 $(k \in \mathbf{Z})$.

$y = \tan x$ 的图象关于点 $\left(\dfrac{k\pi}{2}, 0\right)$ 对称 $(k \in \mathbf{Z})$.

若 $f(x)$ 的图象有两条对称轴 $x = a$ 和 $x = b$ (不妨设 $a < b$)，即

$$f(2a - x) = f(x) \Leftrightarrow f(a - x) = f(a + x)$$

$$f(2b - x) = f(x) \Leftrightarrow f(b - x) = f(b + x)$$

则

$$f[2b - (2a - x)] = f(2a - x) = f(x)$$

即

$$f[x + 2(b - a)] = f(x)$$

$f(x)$ 是周期函数，$2(b - a)$ 是它的一个周期.

若 $f(x)$ 的图象有两个对称中心 $(a, 0)$ 和 $(b, 0)$ (不妨设 $a < b$)，即

$$f(2a - x) = -f(x)\ (\Leftrightarrow f(a - x) = -f(a + x))$$

$$f(2b - x) = -f(x)\ (\Leftrightarrow f(b - x) = -f(b + x))$$

则

$$f[2b - (2a - x)] = -f(2a - x) = f(x)$$

$f(x)$ 也是周期函数，$2(b - a)$ 是它的一个周期.

若 $f(x)$ 的图象有一个对称中心 $(a, 0)$ 和一条对称轴 $x = b$，不妨设 $b > a$，则点 $(2b - a, 0)$ 也是 $f(x)$ 图象的对称中心，$f(x)$ 是周期函数，$2(2b - a - a) = 4(b - a)$ 是它的一个周期.

事实上，由

$$f(2a - x) = -f(x),\ f(2b - x) = f(x)$$

可得

$$f[x + 4(b - a)] = f[2b - (4a - 2b - x)]$$
$$= f(4a - 2b - x)$$

$$= f[2a - (2b + x - 2a)]$$
$$= -f(2b + x - 2a)$$
$$= -f[2b - (2a - x)]$$
$$= -f(2a - x) = f(x)$$

例20 设 $f(x)$ 是 $(-\infty, +\infty)$ 上的奇函数, $f(x+2) = -f(x)$, 当 $0 \leqslant x \leqslant 1$ 时, $f(x) = x$, 则 $f(7.5)$ 等于 ( ).

A. 0.5 　　B. -0.5 　　C. 1.5 　　D. -1.5

解 解法1:

$$f(7.5) = f(5.5 + 2) = -f(5.5)$$
$$= -f(3.5 + 2) = f(3.5)$$
$$= f(1.5 + 2) = -f(1.5)$$
$$= -f(-0.5 + 2) = f(-0.5)$$
$$= -f(0.5) = -0.5$$

解法2:

$$f(x + 4) = f[(x + 2) + 2] = -f(x + 2) = f(x)$$

所以 $f(x)$ 是以4为周期的函数

$$f(7.5) = f[2·4 + (-0.5)] = f(-0.5)$$

又 $f(x)$ 是奇函数

$$f(-0.5) = -f(0.5)$$

所以

$$f(7.5) = -f(0.5) = -0.5$$

解法3:

$$f(x + 2) = -f(x) = f(-x)$$

所以直线 $x = 1$ 是 $f(x)$ 图象的一条对称轴. 于是 $f(x)$ 的图象既关于原点对称, 又关于直线 $x = 1$ 对称. 作出 $f(x)$ 的图象如图2.10, 由函数图象知 $f(7.5) = -0.5$.

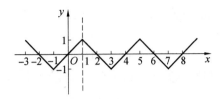

图 2.10

例21　设 $f(x)$ 是定义在 **R** 上的偶函数,其图象关于直线 $x = 1$ 对称,对任意 $x_1, x_2 \in \left[0, \dfrac{1}{2}\right]$,都有 $f(x_1 + x_2) = f(x_1) \cdot f(x_2)$,且 $f(1) = a > 0$.

(1) 求 $f\left(\dfrac{1}{2}\right)$ 及 $f\left(\dfrac{1}{4}\right)$.

(2) 证明 $f(x)$ 是周期函数.

(3) 记 $a_n = f\left(2n + \dfrac{1}{2n}\right)$,求 $\lim\limits_{n \to \infty}(\ln a_n)$.

解　(1) 因为对 $x_1, x_2 \in \left[0, \dfrac{1}{2}\right]$ 都有

$$f(x_1 + x_2) = f(x_1) \cdot f(x_2)$$

所以

$$f(x) = f\left(\frac{x}{2} + \frac{x}{2}\right) = f\left(\frac{x}{2}\right) \cdot f\left(\frac{x}{2}\right) \geqslant 0 \quad (x \in [0,1])$$

$$f(1) = f\left(\frac{1}{2} + \frac{1}{2}\right) = f\left(\frac{1}{2}\right) \cdot f\left(\frac{1}{2}\right) = \left[f\left(\frac{1}{2}\right)\right]^2$$

$$f\left(\frac{1}{2}\right) = f\left(\frac{1}{4} + \frac{1}{4}\right) = f\left(\frac{1}{4}\right) \cdot f\left(\frac{1}{4}\right) = \left[f\left(\frac{1}{4}\right)\right]^2$$

又

$$f(1) = a > 0$$

所以

$$f\left(\frac{1}{2}\right) = a^{\frac{1}{2}}, f\left(\frac{1}{4}\right) = a^{\frac{1}{4}}$$

（2）证明：依题设 $y = f(x)$ 的图象关于直线 $x = 1$ 对称，所以

$$f(2 - x) = f(x)$$

又 $f(x)$ 是偶函数，$f(-x) = f(x)$，$x \in \mathbf{R}$. 所以

$$f(2 - x) = f(-x)$$

将上式中的 $-x$ 以 x 代换，得

$$f(x + 2) = f(x) \quad (x \in \mathbf{R})$$

这表明 $f(x)$ 是 $\mathbf{R}$ 上的周期函数，且 2 是它的一个周期.

（3）由（1）知 $f(x) \geqslant 0$，$x \in [0, 1]$，所以

$$f\left(\frac{1}{2}\right) = f\left(n \cdot \frac{1}{2n}\right) = f\left[\frac{1}{2n} + (n - 1) \cdot \frac{1}{2n}\right]$$

$$= f\left(\frac{1}{2n}\right) \cdot f\left[(n - 1) \cdot \frac{1}{2n}\right]$$

$$= \cdots = f\left(\frac{1}{2n}\right) \cdot f\left(\frac{1}{2n}\right) \cdot \cdots \cdot f\left(\frac{1}{2n}\right)$$

$$= \left[f\left(\frac{1}{2n}\right)\right]^n = a^{\frac{1}{2}}$$

所以 $f\left(\frac{1}{2n}\right) = a^{\frac{1}{2n}}$.

又 $f(x)$ 的一个周期是 2，所以

$$f\left(2n + \frac{1}{2n}\right) = f\left(\frac{1}{2n}\right)$$

因此

$$a_n = a^{\frac{1}{2n}}, \lim_{n \to \infty}(\ln a_n) = \lim_{n \to \infty}\left(\frac{1}{2n}\ln a\right) = 0$$

例 22 如果函数 $f(x) = \sin 2x + a\cos 2x$ 的图象关于直线 $x = -\frac{\pi}{8}$ 对称，那么 a 等于（　　）.

A. $\sqrt{2}$　　　B. $-\sqrt{2}$　　　C. 1　　　D. -1

解　解法 $1:f\left(-\dfrac{\pi}{4}-x\right)=f(x)$ 对于任何实数

x 都成立. 令 $x=0$ 得 $f\left(-\dfrac{\pi}{4}\right)=f(0)$,所以 $a=-1$.

解法 $2:f\left(-\dfrac{\pi}{4}-x\right)=f(x)$ 恒成立,即

$$\sin\left(-\dfrac{\pi}{2}-2x\right)+a\cos\left(-\dfrac{\pi}{2}-2x\right)$$

$$=\sin 2x+a\cos 2x-\cos 2x-a\sin 2x$$

$$=\sin 2x+a\cos 2x$$

恒成立,所以 $a=-1$.

解法 3:

$$f(x)=\sin 2x+a\cos 2x=\sqrt{1+a^{2}}\sin(2x+\phi)$$

其中角 ϕ 的终边经过点 $(1,a)$. 其图象的对称轴方程为

$$2x+\phi=k\pi+\dfrac{\pi}{2}\quad(k\in\mathbf{Z})$$

即

$$x=\dfrac{k\pi}{2}+\dfrac{\pi}{4}-\dfrac{\phi}{2}\quad(k\in\mathbf{Z})$$

令

$$\dfrac{k\pi}{2}+\dfrac{\pi}{4}-\dfrac{\phi}{2}=-\dfrac{\pi}{8}$$

得

$$\phi=k\pi+\dfrac{3\pi}{4}\quad(k\in\mathbf{Z})$$

但角 ϕ 的终边经过点 $(1,a)$,所以 k 为奇数,角 ϕ 的终边与 $-\dfrac{\pi}{4}$ 的终边相同,$a=-1$.

解法 $4:f(x)$ 在 $x=-\dfrac{\pi}{8}$ 时取得最大值或最小值,

即

$$f\left(-\frac{\pi}{8}\right) = \sqrt{a^2+1} \text{ 或 } f\left(-\frac{\pi}{8}\right) = -\sqrt{a^2+1}$$

所以有

$$\sin\left(-\frac{\pi}{4}\right) + a\cos\left(-\frac{\pi}{4}\right) = \pm\sqrt{a^2+1}$$

$$-\frac{\sqrt{2}}{2} + \frac{\sqrt{2}}{2}a = \pm\sqrt{a^2+1}$$

$$1 - 2a + a^2 = 2a^2 + 2$$

$$a^2 + 2a + 1 = 0, a = -1$$

已知任意一个角(角必须属于所涉及的三角函数的定义域),可求出它的三角函数值;反过来,已知一个三角函数值,也可以求出与它对应的角,值得注意的是所得的解不是唯一的,而是有无数多个. 若在给定的区间内,由函数值所确定的角是唯一的,则所得的解也是唯一的.

例 23 已知 $\alpha, \beta \in (0, \pi)$,且 $\cos\alpha = -\frac{\sqrt{5}}{5}$,$\cos\beta = -\frac{\sqrt{10}}{10}$,求 $\alpha + \beta$.

分析 依题设知 α, β 都是唯一确定的,因此 $\alpha + \beta$ 的值也是唯一确定的.

这类问题的一般解法是求出 $\alpha + \beta$ 的某一个三角函数值,并确定 $\alpha + \beta$ 的一个区间,使得在这个区间内,由所求的函数值确定的角唯一. 其操作程序是先确定 $\alpha + \beta$ 的一个区间,再恰当地选取函数.

解 由题设知 $\alpha, \beta \in \left(\frac{\pi}{2}, \pi\right)$,$\alpha + \beta \in (\pi, 2\pi)$

$$\sin\alpha = \frac{2\sqrt{5}}{5}, \sin\beta = \frac{3\sqrt{10}}{10}$$

76

所以

$$\cos(\alpha+\beta)=\cos\alpha\cos\beta-\sin\alpha\sin\beta$$

$$=-\frac{\sqrt{5}}{5}\left(-\frac{\sqrt{10}}{10}\right)-\frac{2\sqrt{5}}{5}\cdot\frac{3\sqrt{10}}{10}$$

$$=-\frac{\sqrt{2}}{2}$$

故 $$\alpha+\beta=\frac{5\pi}{4}$$

说明　$\alpha,\beta\in(0,\pi)\Rightarrow\alpha+\beta\in(0,2\pi)$. 我们无法选取恰当的函数. 必须根据题设条件, 缩小 $\alpha+\beta$ 的范围. 本题我们利用 $\cos\alpha<0,\cos\beta<0$ 达到了这一目的.

本题的另一种命题形式是求 $\arccos\left(-\frac{\sqrt{5}}{5}\right)+\arccos\left(-\frac{\sqrt{10}}{10}\right)$ 的值. 或者是求证 $\arccos\left(-\frac{\sqrt{5}}{5}\right)+\arccos\left(-\frac{\sqrt{10}}{10}\right)=\frac{5\pi}{4}$.

例 24　已知 $\tan(\alpha-\beta)=\frac{1}{2}$, $\tan\beta=-\frac{1}{7}$, 且 α, $\beta\in(-\pi,0)$, 求 $2\alpha-\beta$ 的值.

分析　视 $2\alpha-\beta=2(\alpha-\beta)+\beta$, 容易求出

$$\tan(2\alpha-\beta)=\tan[2(\alpha-\beta)+\beta]=1$$

或者利用 $\alpha=(\alpha-\beta)+\beta$ 求出

$$\tan\alpha=\tan[(\alpha-\beta)+\beta]=\frac{1}{3}$$

再求

$$\tan2\alpha=\frac{3}{4},\tan(2\alpha-\beta)=1$$

关键在于确定 $2\alpha - \beta$ 所在的区间,使得在这个区间内,正切值等于 1 的角只有一个.

由于 $\alpha, \beta \in (-\pi, 0) \Rightarrow (2\alpha - \beta) \in (-2\pi, \pi)$,在 $(-2\pi, \pi)$ 内正切值等于 1 的角有三个: $-\dfrac{7\pi}{4}$,

$-\dfrac{3\pi}{4}$, $\dfrac{\pi}{4}$, 这显然是不正确的,必须缩小 $(2\alpha - \beta)$ 的范围

$$\left.\begin{array}{r} \tan \beta = -\dfrac{1}{7} < 0 \\ \beta \in (-\pi, 0) \end{array}\right\} \Rightarrow \beta \in \left(-\dfrac{\pi}{2}, 0\right) \left.\begin{array}{r} \\ \tan \alpha = \dfrac{1}{3} > 0 \\ \alpha \in (-\pi, 0) \end{array}\right\} \Rightarrow \alpha \in \left(-\pi, -\dfrac{\pi}{2}\right) \end{array}\right\}$$

$$\Rightarrow (2\alpha - \beta) \in \left(-2\pi, -\dfrac{\pi}{2}\right)$$

但在 $\left(-2\pi, -\dfrac{\pi}{2}\right)$ 内正切值等于 1 的角有两个: $-\dfrac{7\pi}{4}$

和 $-\dfrac{3\pi}{4}$, 必须进一步缩小 $(2\alpha - \beta)$ 的范围

$$\left.\begin{array}{r} 0 < \tan \alpha < 1 \\ \alpha \in (-\pi, 0) \end{array}\right\} \Rightarrow \alpha \in \left(-\pi, -\dfrac{3\pi}{4}\right)$$

$$\Rightarrow \left.\begin{array}{r} 2\alpha \in \left(-2\pi, -\dfrac{3\pi}{2}\right) \\ \beta \in \left(-\dfrac{\pi}{2}, 0\right) \end{array}\right\}$$

$$\Rightarrow (2\alpha - \beta) \in (-2\pi, -\pi)$$

在 $(-2\pi, -\pi)$ 内正切值等于 1 的角只有一个 $-\dfrac{7\pi}{4}$, 所以

$$2\alpha - \beta = -\dfrac{7\pi}{4}$$

78

说明　缩小角的范围的主要依据是三角函数值符号和三角函数的单调性.

练 习 2

1. 选择题.

（1）要得到函数 $y = \sin\left(2x - \dfrac{\pi}{3}\right)$ 的图象,只要将函数 $y = \sin 2x$ 的图象(　　).

A. 向左平移 $\dfrac{\pi}{3}$ 个单位

B. 向右平移 $\dfrac{\pi}{3}$ 个单位

C. 向左平移 $\dfrac{\pi}{6}$ 个单位

D. 向右平移 $\dfrac{\pi}{6}$ 个单位

（2）函数 $y = \tan\left(\dfrac{1}{2}x - \dfrac{1}{3}\pi\right)$ 在一个周期内的图象是(　　).

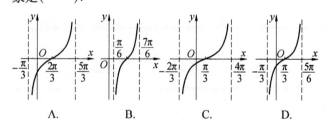

图 2.11

（3）函数 $f(x) = M\sin(\omega x + \phi)$ $(\omega > 0)$ 在区间

$[a,b]$ 上是增函数,且 $f(a) = -M, f(b) = M$,则函数 $g(x) = M\cos(\omega x + \phi)$ 在 $[a,b]$ 上(　　).

　　A. 是增函数　　　　　B. 是减函数

　　C. 可以取得最大值 M　　D. 可以取得最小值 $-M$

　　(4) 周期为 2π 的函数 $f(x)$ 的图象如图 2.12 所示,那么 $f(x)$ 可以写成(　　).

　　A. $\sin(1 + x)$　　　　B. $\sin(-1 - x)$

　　C. $\sin(x - 1)$　　　　D. $\sin(1 - x)$

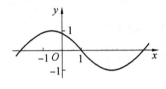

图 2.12

　　(5) 若 $f(x)\sin x$ 是周期为 π 的奇函数,则 $f(x)$ 可以是(　　).

　　A. $\sin x$　　B. $\cos x$　　C. $\sin 2x$　　D. $\cos 2x$

　　(6) 函数 $y = -x\cos x$ 的部分图象是(　　).

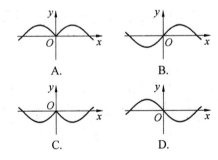

图 2.13

　　(7) 一个直角三角形三个内角的正弦值成等比数列,其最小内角为(　　).

80

A. $\arccos \dfrac{\sqrt{5}-1}{2}$ 　　　　B. $\arcsin \dfrac{\sqrt{5}-1}{2}$

C. $\arccos \dfrac{1-\sqrt{5}}{2}$ 　　　　D. $\arcsin \dfrac{1-\sqrt{5}}{2}$

（8）如果 $|x| \leqslant \dfrac{\pi}{4}$，那么函数 $f(x) = \cos^2 x + \sin x$ 的最小值是（　　）.

A. $\dfrac{\sqrt{2}-1}{2}$ 　　　　B. $-\dfrac{1+\sqrt{2}}{2}$

C. -1 　　　　D. $\dfrac{1-\sqrt{2}}{2}$

（9）若 $\cos x + \cos y = \dfrac{2}{3}$，则 $\sin x + \sin y$ 的取值范围是（　　）.

A. $\left[-\dfrac{1}{3}, \dfrac{1}{3}\right]$ 　　　　B. $\left[-\dfrac{2}{3}, \dfrac{2}{3}\right]$

C. $\left[-\dfrac{4\sqrt{2}}{3}, \dfrac{4\sqrt{2}}{3}\right]$ 　　　　B. $[-2, 2]$

（10）设 $0 < \alpha < \beta < \dfrac{\pi}{2}$，$a = 2\sin\alpha\cos\beta$，$b = 2\cos\alpha\sin\beta$，$c = \sin(\alpha+\beta)$，则 a, b, c 的大小关系是（　　）.

A. $a < b < c$ 　　　　B. $a < c < b$

C. $c < b < a$ 　　　　D. $b < c < a$

2. 填空题.

（1）函数 $f(x) = \sqrt{\sin 2x + \sqrt{3}\cos 2x - 1}$ 的定义域是_____.

（2）函数 $y = \sqrt{1 - 2\sin x}$ 的值域是_____.

（3）函数 $y = \dfrac{\cos 2x + \sin 2x}{\cos 2x - \sin 2x}$ 的最小正周期是

_____．

（4）函数 $y = \sin\left(2x + \dfrac{\pi}{3}\right)$ 图象的对称轴方程是

_____．

（5）函数 $y = \tan\left(\dfrac{1}{2}x + \dfrac{\pi}{6}\right)$ 图象的对称中心的坐标是_____．

（6）在 $\triangle ABC$ 中，$A > B$，下列的三个不等式：①$\sin A > \sin B$；②$\cos A < \cos B$；③$\tan A > \tan B$ 中正确的有_____．

（7）关于函数 $f(x) = 4\sin\left(2x + \dfrac{\pi}{3}\right)$ 有下列命题：

① 由 $f(x_1) = f(x_2)$ 可得 $x_1 - x_2 = k\pi (k \in \mathbf{Z})$．

②$y = f(x)$ 的表达式可改写为 $y = 4\cos\left(2x - \dfrac{\pi}{6}\right)$．

③$y = f(x)$ 的图象关于点 $\left(-\dfrac{\pi}{6}, 0\right)$ 对称．

④$y = f(x)$ 的图象关于直线 $x = -\dfrac{\pi}{6}$ 对称．

其中正确命题的序号是_____．

（8）设函数 $f(x) = \sin(\omega x + \phi)$ $\left(\omega > 0, -\dfrac{\pi}{2} < \phi < \dfrac{\pi}{2}\right)$，给出下列四个论断：

① 它的图象关于直线 $x = \dfrac{\pi}{12}$ 对称．

② 它的图象关于点 $\left(\dfrac{\pi}{3}, 0\right)$ 对称．

③ 它的最小正周期是 π.

④ 在区间 $\left[-\dfrac{\pi}{6},0\right]$ 上是增函数.

以其中两个论断作为条件,另两个论断作为结论,你认为正确的两个命题是_____.

（9）函数 $y=\sin\left(x-\dfrac{\pi}{6}\right)\cos x$ 的最小值是

_____.

（10）设 $x+y=120°$,则 $\cos^2 x+\cos^2 y$ 的最大值是

_____.

3. 作出下列函数的图象:

（1）$y=\sin|x|$.

（2）$y=|\sin x|$.

（3）$y=\sin x+|\sin x|$.

（4）$y=|\sin x|+|\cos x|$.

4. 已知函数 $f(x)=\sin x\cos x+\sqrt{3}\cos^2 x-\dfrac{\sqrt{3}}{2}$.

（1）用"五点法"画出 $f(x)$ 的简图,并求它的最小正周期、单调递增区间.

（2）若 $x\in\left[0,\dfrac{\pi}{2}\right]$,求 $f(x)$ 的最大值及最小值.

（3）怎样由 $y=\cos 2x$ 的图象得到 $f(x)$ 的图象.

5. 已知函数 $y_1=3\sin\left(2x-\dfrac{\pi}{3}\right)$, $y_2=4\sin\left(2x+\dfrac{\pi}{3}\right)$,求函数 y_1+y_2 的振幅.

6. 函数 $y=2\cos^2 x-m\sin x+1$ 的最大值是11,试求实数 m 的值.

7. 已知函数 $f(x)=2a\sin^2 x-2\sqrt{3}a\sin x\cos x+a+$

$b(a,b \in \mathbf{R}$ 且 $a \neq 0)$ 的定义域是 $\left[0,\dfrac{\pi}{2}\right]$，值域是 $[-5,1]$，求 a,b 的值.

8. 求下列函数的最大值和最小值：

$(1)\, y = \dfrac{3\sin x - 1}{\sin x + 2}.$

$(2)\, y = \dfrac{2 - \sin x}{2 - \cos x}.$

$(3)\, y = \dfrac{\sin 3x\sin^3 x + \cos 3x\cos^3 x}{\cos^2 2x} + \sin 2x.$

9. 已知 $x \in (0,\pi)$，求函数 $y = \dfrac{\sin x\cos x}{1 + \sin x + \cos x}$ 的值域.

10. 半圆 O 的直径为 2，A 为直径延长线上一点，且 $OA = 2$，B 为半圆周上任意一点，以 AB 为边向形外作等边 $\triangle ABC$，问点 B 在什么位置时，四边形 $OACB$ 的面积最大？并求出这个最大面积.

11. 已知 $3\sin^2\alpha + 2\sin^2\beta = 5\sin\alpha$，求 $\cos^2\alpha + \cos^2\beta$ 的取值范围.

12. 若 $f(x) = a + b\cos x + c\sin x$ 的图象经过两点 $(0,1)$，$\left(\dfrac{\pi}{2},1\right)$，且在 $\left[0,\dfrac{\pi}{2}\right]$ 内恒有 $|f(x)| \leqslant 2$，求实数 a 的取值范围.

13. 关于 x 的方程 $\sin^2 x - 2a\sin x + 3a = 0$ 有实数解，求实数 a 的取值范围.

14. 若 A,B 为锐角，且 $\sin^2 A + \sin^2 B = \sin(A + B)$，试证明 $A + B = \dfrac{\pi}{2}$.

15. 设方程 $x^2 + 3\sqrt{3}x + 4 = 0$ 的两个实根为 x_1,x_2，

记 $\alpha = \arctan x_1$ ，$\beta = \arctan x_2$ ，求 $\alpha + \beta$.

16. 已知 $\arcsin(\sin \alpha + \sin \beta) + \arcsin(\sin \alpha - \sin \beta) = \dfrac{\pi}{2}$ ，求 $\sin^2 \alpha + \sin^2 \beta$ 的值.

解斜三角形

根据斜三角形中已知的边和角求出未知的边和角叫作解斜三角形. 其主要依据是：

正弦定理

$$\frac{a}{\sin A} = \frac{b}{\sin B} = \frac{c}{\sin C} = 2R$$

余弦定理

$$a^2 = b^2 + c^2 - 2bc\cos A$$
$$b^2 = c^2 + a^2 - 2ca\cos B$$
$$c^2 = a^2 + b^2 - 2ab\cos C$$

面积公式

$$S_{\triangle ABC} = \frac{1}{2}ab\sin C = \frac{1}{2}bc\sin A$$

$$= \frac{1}{2}ca\sin B$$

解斜三角形主要有如下几种情形：

1. 已知两角和一边(用正弦定理).

2. 已知两边和其中一边的对角(用正弦定理,也可用余弦定理).

3. 已知两边和夹角(用余弦定理).

4. 已知三边(用余弦定理).

例 1　在 $\triangle ABC$ 中：

（1）已知 $a = 2, b = \sqrt{2}, A = \dfrac{\pi}{4}$，求角 B.

（2）已知 $a = 6, b = 6\sqrt{3}, A = 30°$，求 c.

解　（1）依正弦定理得 $\sin B = \dfrac{b \sin A}{a} = \dfrac{1}{2}$. 因为 $a > b$，所以 $A > B, B = \dfrac{\pi}{6}$.

（2）解法 1：依正弦定理得 $\sin B = \dfrac{b \sin A}{a} = \dfrac{\sqrt{3}}{2}$. 因为 $a < b$，所以 $A < B, B = 60°$ 或 $B = 120°$.

若 $B = 60°$，则 $\triangle ABC$ 是直角三角形，$c = 12$.

若 $B = 120°$，则 $\triangle ABC$ 是等腰三角形，$c = 6$.

解法 2：依余弦定理 $a^2 = b^2 + c^2 - 2bc \cos A$ 得

$$6^2 = (6\sqrt{3})^2 + c^2 - 2 \cdot 6\sqrt{3} \cdot c \cdot \cos 30°$$

即

$$c^2 - 18c + 72 = 0$$
$$c = 12 \text{ 或 } c = 6$$

说明　已知两边和其中一边的对角（例如已知 a, b, A）解斜三角形时，可能有两个解、一个解、无解三种情形.

若用正弦定理，先求 $\sin B$ 的值. 当 $\sin B > 1$ 时，肯定无解；当 $\sin B = 1$ 时，若 $0° < A < 90°$，则有一解 $B = 90°$；若 $A \geqslant 90°$，则无解，当 $\sin B < 1$ 时，可能有一个解或两个解，这可根据"在三角形中，大边所对的角较大"来确定.

若用余弦定理，可得到一个关于 c 的一元二次方程，其解的个数取决于这个方程正根的个数.

已知两边和其中一边的对角,若只需求角,用正弦定理比较简便;若还需要求边,用余弦定理比较简便.

例2 在 $\triangle ABC$ 中,$\sin A = \dfrac{3}{5}$,$\cos B = \dfrac{5}{13}$,求 $\cos C$ 的值.

解

$$\begin{aligned}
\cos C &= \cos\left[\pi - (A + B)\right] = -\cos(A + B) \\
&= -(\cos A\cos B - \sin A\sin B)
\end{aligned}$$

由 $\cos B = \dfrac{5}{13}$ 及 $0 < B < \pi$ 得 $\sin B = \dfrac{12}{13}$.

由 $\sin A = \dfrac{3}{5}$ 及 $0 < A < \pi$ 得 $\cos A = \pm\dfrac{4}{5}$.

因为在 $\triangle ABC$ 中,$\sin B > \sin A$ 是 $B > A$ 的充要条件($\sin B > \sin A \Leftrightarrow 2R\sin B > 2R\sin A \Leftrightarrow b > a \Leftrightarrow B > A$),所以 $\cos A = \dfrac{4}{5}$,$\cos C = \dfrac{16}{65}$.

例3 如图 3.1,$\angle XOY = 60°$,M 是 $\angle XOY$ 内一点,它到两边的距离分别为 2 和 11,求 OM 的长.

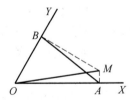

图 3.1

解 作 $MA \perp OX$ 于 A,$MB \perp OY$ 于 B,则 O,A,M,B 四点共圆,且这个圆的直径是 OM. 联结 AB,则 OM 是 $\triangle AOB$(或 $\triangle AMB$)外接圆的直径.

在 $\triangle AMB$ 中

$$\angle AMB = 120°,MA = 2,MB = 11$$

所以
$$AB^2 = MA^2 + MB^2 - 2MA \cdot MB \cdot \cos 120° = 147$$
$$AB = 7\sqrt{3}$$
$$OM = \frac{AB}{\sin \angle AMB} = \frac{7\sqrt{3}}{\sin 120°} = 14$$

　　说明　本题的关键在于认识到 OM 是 $\triangle AMB$ 的外接圆直径,灵活地运用了正弦定理.

　　例 4　已知圆内接四边形的边长分别为 $AB = 2$,$BC = 6$,$CD = DA = 4$,求四边形 $ABCD$ 的面积.

　　解　如图 3.2,联结 BD,则四边形 $ABCD$ 的面积

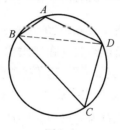

图 3.2

$$S = S_{\triangle ABD} + S_{\triangle CDB}$$
$$= \frac{1}{2}AB \cdot AD \cdot \sin A + \frac{1}{2}BC \cdot CD \cdot \sin C$$
$$A + C = 180°, \sin A = \sin C$$

所以
$$S = \frac{1}{2}(2 \times 4 + 6 \times 4)\sin A = 16\sin A$$

由余弦定理,在 $\triangle ABD$ 中
$$BD^2 = AB^2 + AD^2 - 2AB \cdot AD \cdot \cos A$$
$$= 2^2 + 4^2 - 2 \cdot 2 \cdot 4 \cdot \cos A$$
$$= 20 - 16\cos A$$

在 $\triangle CDB$ 中

$$BD^2 = CB^2 + CD^2 - 2 \cdot CB \cdot CD \cdot \cos C$$
$$= 6^2 + 4^2 - 2 \cdot 6 \cdot 4 \cdot \cos C$$
$$= 52 - 48\cos C$$

所以

$$20 - 16\cos A = 52 - 48\cos C$$

又

$$\cos C = -\cos A$$

所以

$$64\cos A = -32, \cos A = -\frac{1}{2}, A = 120°$$

$$S = 16\sin 120° = 8\sqrt{3}$$

说明 求面积的关键在于求出一个角(例如 A)的正弦,对角线(例如 BD)起了桥梁作用.

例5 平面上有四个点 A, B, P, Q,其中 A, B 为定点,且 $AB = \sqrt{3}$,P, Q 为动点,满足 $AP = PQ = QB = 1$,又 $\triangle APB$ 和 $\triangle PQB$ 的面积分别为 S 和 T,求 $S^2 + T^2$ 的最大值.

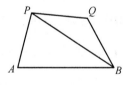

图 3.3

解 $S = \frac{1}{2}PA \cdot AB \cdot \sin A = \frac{\sqrt{3}}{2}\sin A$

$T = \frac{1}{2}PQ \cdot QB \cdot \sin Q = \frac{1}{2}\sin Q$

$$S^2 + T^2 = \frac{3}{4}\sin^2 A + \frac{1}{4}\sin Q^2$$

由余弦定理,在 △PAB 中

$$PB^2 = PA^2 + AB^2 - 2 \cdot PA \cdot AB \cdot \cos A$$
$$= 4 - 2\sqrt{3}\cos A$$

在 △PQB 中
$$PB^2 = PQ^2 + QB^2 - 2PQ \cdot QB\cos Q = 2 - 2\cos Q$$
所以

$$4 - 2\sqrt{3}\cos A = 2 - 2\cos Q$$

即

$$\cos Q = \sqrt{3}\cos A - 1$$

所以

$$S^2 + T^2 = \frac{3}{4}(1 - \cos^2 A) + \frac{1}{4}(1 - \cos^2 Q)$$

$$= -\frac{3}{2}\cos^2 A + \frac{\sqrt{3}}{2}\cos A + \frac{3}{4}$$

$$-\frac{1}{2}\left(\cos A - \frac{\sqrt{3}}{6}\right)^2 + \frac{7}{8}$$

当 $\cos A = \dfrac{\sqrt{3}}{6}$ 时,$S^2 + T^2$ 有最大值 $\dfrac{7}{8}$.

例 6　三角形有一个角是 $60°$,夹这个角的两边之比是 $8:5$,内切圆的面积是 12π,求这个三角形的面积.

分析　这个三角形内切圆的半径 $r = 2\sqrt{3}$.

设 $60°$ 角的两条夹角边为 $a = 8x, b = 5x$,则面积

$$S = \frac{1}{2} \cdot 8x \cdot 5x\sin 60° = 10\sqrt{3}\,x^2$$

三角形的面积与它的内切圆半径 r 有怎样的关系

呢？设 O 是 $\triangle ABC$ 的内切圆圆心,联结 OA,OB,OC,
则

$$S_{\triangle ABC} = S_{\triangle BOC} + S_{\triangle COA} + S_{\triangle AOB}$$
$$= \frac{1}{2}ar + \frac{1}{2}br + \frac{1}{2}cr$$
$$= pr$$

这里 $p = \frac{1}{2}(a + b + c)$.

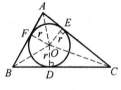

图 3.4

由余弦定理得 $60°$ 角所对的边 $c = 7x$,所以 $p = 10x$.

由 $10\sqrt{3}\,x^2 = 10x \cdot 2\sqrt{3}$ 得 $x = 2$,所以三角形的面积等于 $40\sqrt{3}$.

说明 常用的面积公式还有 $S = \dfrac{abc}{4R}$ 及 $S = \sqrt{p(p-a)(p-b)(p-c)}$. 这里 R 是三角形的外接圆半径.

例7 P,Q 是海上两个灯塔,从海图上测知,以 PQ 为弦,含圆周角为 $45°$ 的弓形弧内是危险区,内有许多暗礁. 一海轮开始时见两灯塔的方位角都是 $60°$,海轮向东航行一段距离后,见灯塔 P 恰在它的正北,灯塔 Q 的方位角是 $\arcsin\dfrac{\sqrt{57}}{19}$,问海轮继续向东航行是否有触礁危险.

92

分析　问题归纳为确定 $\overset{\frown}{PQ}$ 所在圆的圆心 O 到航线 AB 的距离 OM 与该圆半径 r 的大小关系.

解　如图 3.5,作 $OC \perp PB$ 于 C,则 $OM = CB = PB - PC$,在 Rt$\triangle POC$ 中,$\angle POC = 15°$,所以

$$PC = r\sin 15° = \frac{\sqrt{6} - \sqrt{2}}{4}r$$

$$OM = PB - \frac{\sqrt{6} - \sqrt{2}}{4}r$$

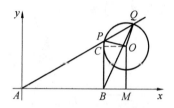

图 3.5

设 $\angle PBQ = \alpha$,则 $\sin \alpha = \frac{\sqrt{57}}{19}$,由正弦定理,在 $\triangle PBQ$ 中

$$\frac{PB}{\sin(60° - \alpha)} = \frac{PQ}{\sin \alpha}$$

$$PB = \frac{PQ\sin(60° - \alpha)}{\sin \alpha}$$

$$= \frac{PQ(\sin 60° \cos \alpha - \cos 60° \sin \alpha)}{\sin \alpha}$$

$$= PQ\left(\frac{\sqrt{3}}{2}\cot \alpha - \frac{1}{2}\right)$$

$$= PQ\left(\frac{\sqrt{3}}{2} \cdot \frac{4}{\sqrt{3}} - \frac{1}{2}\right)$$

$$= \frac{3}{2}\sqrt{2}r$$

所以

$$OM = \frac{3}{2}\sqrt{2}r - \frac{\sqrt{6} - \sqrt{2}}{4}r = \frac{7\sqrt{2} - \sqrt{6}}{4}r > r$$

海轮继续向东航行,没有触礁危险.

例8 如图 3.6 所示,从楼 AC 中的点 B 测得铁塔顶角 F 的仰角为 α,在楼的点 C 测得铁塔上电视天线顶点 G 的仰角为 β,又在点 C 测得铁塔底点 D 的俯角为 γ,已知 $AC = H, AB = h$,试求电视天线 FG 的长(这里假定 A, B, C 三点在同一铅垂线上).

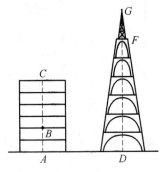

图 3.6

解 如图 3.7,在 Rt$\triangle ADC$ 中

$$AC = H, \angle CDA = \gamma$$

所以 $AD = H\cot \gamma$.

在 Rt$\triangle BEF$ 中

$$BE = AD = H\cot \gamma, \angle FBE = \alpha$$

所以

$$EF = BE\tan \alpha = H\cot \gamma\tan \alpha$$

在 Rt$\triangle CMG$ 中

$$CM = AD = H\cot \gamma, \angle GCM = \beta$$

所以

94

$$MG = GM\tan\beta = H\cot\gamma\tan\beta$$

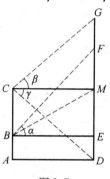

图 3.7

电视天线长为

$$FG = DG - DF = (DM + MG) - (DE + EF)$$
$$= (H + H\cot\gamma\tan\beta) - (h + H\cot\gamma\tan\alpha)$$
$$= (H - h) + H\cot\gamma(\tan\beta - \tan\alpha)$$

正弦定理、余弦定理揭示了三角形的边和角之间的基本关系,借助于这两个定理,可以实现三角形的边角关系的相互转化,这也是三角恒等变形的手段之一.

例 9　根据条件,判定 $\triangle ABC$ 是怎样的三角形.

(1) $a\cos B = b\cos A$.

(2) $a\cos A = b\cos B$.

解　解法 1:(1) 由正弦定理得

$$2R\sin A\cos B = 2R\sin B\cos A$$
$$\sin(A - B) = 0$$

又

$$-\pi < A - B < \pi$$

所以 $A - B = 0$,即 $A = B$,故 $\triangle ABC$ 是等腰三形.

(2) 由正弦定理得

$$2R\sin A\cos A = 2R\sin B\cos B$$

即
$$\sin 2A = \sin 2B$$
又
$$0 < 2A < 2\pi, 0 < 2B < 2\pi$$
所以
$$2A = 2B \text{ 或 } 2A = \pi - 2B$$
$$A = B \text{ 或 } A + B = \frac{\pi}{2}$$
故 $\triangle ABC$ 是等腰三角形或者直角三角形.

解法 2:(1)由余弦定理得
$$a \cdot \frac{a^2 + c^2 - b^2}{2ac} = b \cdot \frac{b^2 + c^2 - a^2}{2bc}$$
化简得 $a = b$,故 $\triangle ABC$ 是等腰三角形.

(2)由余弦定理得
$$a \cdot \frac{b^2 + c^2 - a^2}{2bc} = b \cdot \frac{a^2 + c^2 - b^2}{2ac}$$
$$a^2(b^2 + c^2 - a^2) = b^2(a^2 + c^2 - b^2)$$
$$a^2 c^2 - a^4 = b^2 c^2 - b^4$$
$$c^2(a^2 - b^2) = (a^2 + b^2)(a^2 - b^2)$$
所以
$$a = b \text{ 或 } c^2 = a^2 + b^2$$
故 $\triangle ABC$ 是等腰三角形或者直角三角形.

说明 三角形类型的判定,就是从已知条件出发,运用正弦定理或余弦定理,推导出三角形的角或边的某种特殊关系.

例 10 在 $\triangle ABC$ 中,已知 $\sin B \sin C = \cos^2 \dfrac{A}{2}$,试判定 $\triangle ABC$ 是怎样的三角形.

解 由 $\sin B \sin C = \cos^2 \dfrac{A}{2}$ 得

$$\sin B\sin C = \frac{1 + \cos A}{2}$$

$$2\sin B\sin C = 1 + \cos A = 1 - \cos(B + C)$$

$$= 1 - \cos B\cos C + \sin B\sin C$$

所以

$$\sin B\sin C + \cos B\cos C = 1$$

即

$$\cos(B - C) = 1$$

又 B,C 都是三角形的内角，$-\pi < B - C < \pi$.

所以 $B - C = 0, B = C$. 故 $\triangle ABC$ 是等腰三角形.

例 11　在 $\triangle ABC$ 中,求证:

(1) $b\cos C + c\cos B = a$.

(2) $\dfrac{a^2 - b^2}{c^2} = \dfrac{\sin(A - B)}{\sin C}$.

证明　证法 1:

(1) $\qquad b\cos C + c\cos B$

$$= 2R\sin B\cos C + 2R\sin C\cos B$$

$$= 2R\sin(B + C)$$

$$= 2R\sin A = a$$

(2) $\qquad \dfrac{a^2 - b^2}{c^2} = \dfrac{\sin^2 A - \sin^2 B}{\sin^2 C}$

因为

$$\sin^2 A - \sin^2 B$$

$$= \sin^2 A - \sin^2 A\sin^2 B - \sin^2 B + \sin^2 A\sin^2 B$$

$$= \sin^2 A(1 - \sin^2 B) - \sin^2 B(1 - \sin^2 A)$$

$$= \sin^2 A\cos^2 B - \cos^2 A\sin^2 B$$

$$= (\sin A\cos B + \cos A\sin B)(\sin A\cos B - \cos A\sin B)$$

$$= \sin(A + B)\sin(A - B)$$

或者

$$\sin^2 A - \sin^2 B = \frac{1 - \cos 2A}{2} - \frac{1 - \cos 2B}{2}$$

$$= -\frac{1}{2}(\cos 2A - \cos 2B)$$

$$= \sin(A + B)\sin(A - B)$$

所以

$$\frac{a^2 - b^2}{c^2} = \frac{\sin(A + B)\sin(A - B)}{\sin^2 C}$$

$$= \frac{\sin C \cdot \sin(A - B)}{\sin^2 C}$$

$$= \frac{\sin(A - B)}{\sin C}$$

证法 2:

(1) $b\cos C + c\cos B$

$$= b \cdot \frac{a^2 + b^2 - c^2}{2ab} + c \cdot \frac{c^2 + a^2 - b^2}{2ca}$$

$$= \frac{(a^2 + b^2 - c^2) + (c^2 + a^2 - b^2)}{2a}$$

$$= \frac{2a^2}{2a} = a$$

(2) $\dfrac{\sin(A - B)}{\sin C} = \dfrac{\sin A\cos B - \cos A\sin B}{\sin C}$

$$= \frac{a \cdot \dfrac{a^2 + c^2 - b^2}{2ac} - b \cdot \dfrac{b^2 + c^2 - a^2}{2bc}}{c}$$

$$= \frac{(a^2 + c^2 - b^2) - (b^2 + c^2 - a^2)}{2c^2}$$

$$= \frac{a^2 - b^2}{c^2}$$

说明 在 $\triangle ABC$ 中,$b\cos C + c\cos B = a$ 的几何意义如图 3.8 所示,即射影定理.

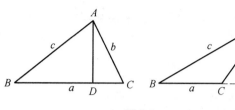

图 3.8

例12　$\triangle ABC$ 的三边 a,b,c 成等差数列：

（1）求证：$\tan\dfrac{A}{2}\tan\dfrac{C}{2}=\dfrac{1}{3}$.

（2）若 $A-C=\dfrac{\pi}{2}$，求三边之比.

（1）证明：由 $a+c=2b$ 得

$$\sin A+\sin C=2\sin B$$

$$2\sin\frac{A+C}{2}\cos\frac{A-C}{2}=2\cdot 2\sin\frac{A+C}{2}\cos\frac{A+C}{2}$$

因为 $0<\dfrac{A+C}{2}<\dfrac{\pi}{2}$，$\sin\dfrac{A+C}{2}\neq 0$，所以

$$\cos\frac{A-C}{2}=2\cos\frac{A+C}{2}$$

$$\cos\frac{A}{2}\cos\frac{C}{2}+\sin\frac{A}{2}\sin\frac{C}{2}$$

$$=2\left(\cos\frac{A}{2}\cos\frac{C}{2}-\sin\frac{A}{2}\sin\frac{C}{2}\right)$$

$$3\sin\frac{A}{2}\sin\frac{C}{2}=\cos\frac{A}{2}\cos\frac{C}{2}$$

又 $\cos\dfrac{A}{2}\neq 0$，$\cos\dfrac{C}{2}\neq 0$，两边同除以 $\cos\dfrac{A}{2}\cos\dfrac{C}{2}$，得

$$\tan\frac{A}{2}\tan\frac{C}{2}=\frac{1}{3}$$

（2）由 $A-C=\dfrac{\pi}{2}$ 及

$$\cos \frac{A - C}{2} = \alpha\cos \frac{A + C}{2}$$

得

$$\sin \frac{B}{2} = \frac{\sqrt{2}}{4}$$

所以

$$\cos \frac{B}{2} = \frac{\sqrt{14}}{4}$$

$$\sin B = 2\sin \frac{B}{2}\cos \frac{B}{2} = 2 \cdot \frac{\sqrt{2}}{4} \cdot \frac{\sqrt{14}}{4} = \frac{\sqrt{7}}{4}$$

$$\sin A + \sin C = \frac{\sqrt{7}}{2}$$

又

$$\sin A - \sin C = 2\cos \frac{A + C}{2}\sin \frac{A - C}{2}$$

$$= 2 \cdot \frac{\sqrt{2}}{4} \cdot \frac{\sqrt{2}}{2} = \frac{1}{2}$$

所以

$$\sin A = \frac{\sqrt{7} + 1}{4}, \sin C = \frac{\sqrt{7} - 1}{4}$$

$$a : b : c = \sin A : \sin B : \sin C$$

$$= (\sqrt{7} + 1) : \sqrt{7} : (\sqrt{7} - 1)$$

例13 在 $\triangle ABC$ 中,已知$\dfrac{\tan A - \tan B}{\tan A + \tan B} = \dfrac{c - b}{c}$,

求 $\cos^2 B + \cos^2 C$ 的取值范围.

解 $\tan A \pm \tan B = \dfrac{\sin A}{\cos A} \pm \dfrac{\sin B}{\cos B}$

$$= \frac{\sin A\cos B \pm \cos A\sin B}{\cos A\cos B}$$

$$= \frac{\sin(A \pm B)}{\cos A \cos B}$$

所以

$$\frac{\tan A - \tan B}{\tan A + \tan B} = \frac{\sin(A - B)}{\sin(A + B)}$$

又

$$\frac{c - b}{c} = \frac{\sin C - \sin B}{\sin C} = \frac{\sin(A + B) - \sin B}{\sin(A + B)}$$

故已知条件可转化为

$$\sin(A - B) = \sin(A + B) - \sin B$$

$$\sin B = \sin(A + B) - \sin(A - B) = 2\cos A \sin B$$

因为 $\sin B \neq 0$，所以 $\cos A = \frac{1}{2}$.

由 $0 < A < \pi$ 知 $A = \frac{\pi}{3}$，$B + C = \frac{2\pi}{3}$

$$\cos^2 B + \cos^2 C = \frac{1 + \cos 2B}{2} + \frac{1 + \cos 2C}{2}$$

$$= 1 + \frac{1}{2}(\cos 2B + \cos 2C)$$

$$= 1 + \cos(B + C)\cos(B - C)$$

$$= 1 - \frac{1}{2}\cos(B - C)$$

$$|B - C| < \frac{2\pi}{3}, \ -\frac{1}{2} < \cos(B - C) \leqslant 1$$

所以

$$\frac{1}{2} \leqslant \cos^2 B + \cos^2 C < \frac{5}{4}$$

　　说明　从以上几道例题可以看出,在三角形边角关系的论证和计算中,若化边为角,则转化为关于角的三角函数式;若化角为边,则转化为关于边的代数式,无论实施哪种转化,都使我们的思路十分清晰.

例 14 $\triangle ABC$ 的三边 a,b,c 满足

$$a^2 - a - 2b - 2c = 0 \qquad ①$$

$$a + 2b - 2c + 3 = 0 \qquad ②$$

求这个三角形最大角的度数.

分析 在 $\triangle ABC$ 中,要求最大角,必须先确定最大边. 为此,必须由已知条件,用一边表示其他两边,以便比较它们的大小. 由于两个式子中,含有 a^2,而 b,c 都是一次的. 所以用 a 来表示 b,c.

解 ① + ②,得

$$a^2 - 4c + 3 = 0$$

所以

$$c = \frac{1}{4}(a^2 + 3) \qquad ③$$

将③代入①,得

$$b = \frac{1}{4}(a^2 - 2a - 3) = \frac{1}{4}(a - 3)(a + 1) \qquad ④$$

因为 a,b,c 为三角形的三条边,所以 $a > 3$

$$b - c = \frac{1}{4}(a^2 - 2a - 3) - \frac{1}{4}(a^2 + 3)$$

$$= -\frac{1}{2}(a + 3) < 0$$

$$c - a = \frac{1}{4}(a^2 + 3) - a$$

$$= \frac{1}{4}(a - 3)(a - 1) > 0$$

所以 $c > b, c > a$,即 c 为最大边,C 为最大角. 又

$$\cos C = \frac{a^2 + b^2 - c^2}{2ab}$$

$$= \frac{a^2 + \frac{1}{16}(a-3)^2(a+1)^2 - \frac{1}{16}(a^2+3)^2}{2 \cdot a \cdot \frac{1}{4}(a-3)(a+1)}$$

$$= \frac{-4a(a-3)(a+1)}{8a(a-3)(a+1)}$$

$$= -\frac{1}{2}$$

所以 $C = 120°$.

例 15　设 $\triangle ABC$ 的三边 a, b, c 满足 $a > b > c$, 在此三角形的两边上分别取点 P, Q, 使线段 PQ 把 $\triangle ABC$ 分成面积相等的两部分, 求使 PQ 长度为最短的点 P_1Q 的位置.

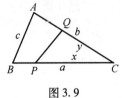

图 3.9

解　若 P, Q 分别取在边 a, b 上, 设 $CP = x, CQ = y$, 则

$$\frac{1}{2}xy\sin C = \frac{1}{2} \cdot \frac{1}{2}ab\sin C$$

$$xy = \frac{1}{2}ab$$

由余弦定理知, 在 $\triangle CPQ$ 中

$$PQ^2 = x^2 + y^2 - 2xy\cos C$$
$$= (x-y)^2 + 2xy(1 - \cos C)$$
$$= (x-y)^2 + ab(1 - \cos C)$$

所以, 当 $x = y$ 时, PQ 有最小值, 这时

$$PQ = \sqrt{ab - ab\cos C}$$

$$= \sqrt{ab - \frac{1}{2}(a^2 + b^2 - c^2)}$$

$$= \sqrt{\frac{1}{2}(c + a - b)(c - a + b)}$$

$$= \sqrt{2(p - a)(p - b)}$$

其中

$$P = \frac{1}{2}(a + b + c)$$

若 P,Q 分别取在边 b,c 上,则当 $AP = AQ$ 时,PQ 有最小值 $\sqrt{2(p - b)(p - c)}$;若 P,Q 分别取在边 c,a 上,则当 $BP = BQ$ 时,PQ 有最小值 $\sqrt{2(p - c)(p - a)}$.

但 $a > b > c$,因此 $\sqrt{2(p - a)(p - b)}$ 最小,即 P,Q 分别取在边 a,b 上,且当 $CP = CQ$ 时,PQ 长度最短.

因为此时

$$PQ = \sqrt{ab(1 - \cos C)} = \sqrt{2ab}\sin\frac{C}{2}$$

$\triangle CPQ$ 是等腰三角形,所以

$$CP = CQ = \frac{\frac{1}{2}PQ}{\sin\frac{C}{2}} = \frac{1}{2}\sqrt{2ab}$$

例 16 在 $\triangle ABC$ 中,若 $\dfrac{\cos A}{\sin B} + \dfrac{\cos B}{\sin A} = 2$,且该三角形的周长为 12,求这个三角形面积的最大值.

分析 先由 $\dfrac{\cos A}{\sin B} + \dfrac{\cos B}{\sin A} = 2$ 推导出这个三角形角之间的特殊关系.

解　由 $\dfrac{\cos A}{\sin B} + \dfrac{\cos B}{\sin A} = 2$ 得

$$\sin A\cos A + \sin B\cos B = 2\sin A\sin B$$

即

$$\sin A(\cos A - \sin B) + \sin B(\cos B - \sin A) = 0 \quad ①$$

也可以变形为

$$\frac{1}{2}(\sin 2A + \sin 2B) = 2\sin A\sin B$$

$$\sin(A + B)\cos(A - B) = \cos(A - B) - \cos(A + B)$$

$$\cos(A + B) = \cos(A - B)[1 - \sin(A + B)] \quad ②$$

若 $A + B < \dfrac{\pi}{2}$,则 $A,B \in \left(0,\dfrac{\pi}{2}\right)$,$A < \dfrac{\pi}{2} - B$ 得

$$\cos A > \sin B, \sin A < \cos B$$

所以 ① 不成立.

若 $A + B > \dfrac{\pi}{2}$,则 $\cos(A + B) < 0$,由 ② 得

$$\cos(A - B) < 0, \text{且} \cos(A + B) > \cos(A - B)$$

从而

$$A + B < |A - B|$$

这不可能,所以 ② 不成立.

综上所述,可知 $A + B = \dfrac{\pi}{2}$,故 $\triangle ABC$ 是直角三角形.

由 $a + b + c = 12$ 得

$$c(1 + \sin A + \cos A) = 12$$

$$c = \frac{12}{1 + \sin A + \cos A}$$

$\triangle ABC$ 的面积

$$S = \frac{1}{2}ab = \frac{1}{2}c^2\sin A\cos A = \frac{72\sin A\cos A}{(1 + \sin A + \cos A)^2}$$

设 $\sin A + \cos A = t$，则

$$S = \frac{36(t^2 - 1)}{(1 + t)^2} = \frac{36(t - 1)}{t + 1} = 36\left(1 + \frac{-2}{t + 1}\right)$$

且由 $t = \sqrt{2}\sin\left(A + \dfrac{\pi}{4}\right)$ 及 $0 < A < \dfrac{\pi}{2}$ 得 $1 < t \leqslant \sqrt{2}$.

当 $t = \sqrt{2}$，即 $A = B = \dfrac{\pi}{4}$ 时

$$S_{\max} = 36\left(1 + \frac{-2}{\sqrt{2} + 1}\right) = 36(3 - 2\sqrt{2})$$

说明　在证明了 $\triangle ABC$ 是直角三角形之后，面积的最大值也可以用均值不等式求解.

$$12 = a + b + \sqrt{a^2 + b^2} \geqslant 2\sqrt{ab} + \sqrt{2ab}$$
$$= (2 + \sqrt{2})\sqrt{ab}$$

所以

$$\sqrt{ab} \leqslant \frac{12}{2 + \sqrt{2}} = 6(2 - \sqrt{2})$$

$$ab \leqslant 36(6 - 4\sqrt{2})$$

$$S = \frac{1}{2}ab \leqslant 36(3 - 2\sqrt{2})$$

当且仅当 $a = b$ 时等号成立，即 $\triangle ABC$ 是等腰直角三角形时面积的最大值等于 $36(3 - 2\sqrt{2})$.

练习 3

1. 填空.

（1）在 $\triangle ABC$ 中，$a = 2$，$b = \sqrt{2}$，$B = \dfrac{\pi}{6}$，则 $A =$

_____.

（2）在 $\triangle ABC$ 中，$B = 120°, c = 1, b = \sqrt{2}$，则 $a =$

_____.

（3）在 $\triangle ABC$ 中，已知 $\sin^2 C - \sin^2 A - \sin^2 B = \sin A \sin B$，则角 $C = $ _____.

（4）在 $\triangle ABC$ 中，$A = 60°, b = 16$，面积为 $220\sqrt{3}$，则 $a = $ _____.

（5）在 $\triangle ABC$ 中，$A = 60°, a = 7$，周长为 20，则它的内切圆半径 $r = $ _____.

2. 在 $\triangle ABC$ 中，$A = 60°, b = 1$，这个三角形的面积为 $\sqrt{3}$，求 $\dfrac{a + b + c}{\sin A + \sin B + \sin C}$ 的值.

3. 在 $\triangle ABC$ 中，$\angle C = 3\angle A, a = 27, c = 48$，求 b.

4. 钝角三角形三边的长是三个连续的自然数，求它的三边的长.

5. 在 $\triangle ABC$ 中，$c - b = \dfrac{1}{2}a, \cos\dfrac{C - B}{2} = \dfrac{\sqrt{21}}{5}$，求 $\cos A$ 的值.

6. 在 $\triangle ABC$ 中，a, b, c 成等差数列，R, r 分别是它的外接圆半径、内切圆半径，求证：$ac = 6Rr$.

7. 在 $\triangle ABC$ 中，$A = 45°$，BC 边上的高 AD 将 BC 分成 2 cm 和 3 cm 两部分，求这个三角形的面积.

8. A, B, C 是直线 l 上的三点，P 是这条直线外一点，已知 $AB = BC = a, \angle APB = 90°, \angle BPC = 45°, \angle PBA = \theta$，求：

（1）$\sin\theta, \cos\theta, \tan\theta$ 的值.

（2）线段 PB 的长.

（3）点 P 到直线 l 的距离.

9. 在 $\triangle ABC$ 中,分别根据条件,判别 $\triangle ABC$ 是怎样的三角形.

(1) $\sin A\sin B + \sin A\cos B + \cos A\sin B + \cos A\cos B = 2$.

(2) $\dfrac{a^3 + b^3 - c^3}{a + b - c} = c^2$,且 $\sin A\sin B = \dfrac{3}{4}$.

(3) $a + b = \tan \dfrac{C}{2}(a\tan A + b\tan B)$.

(4) $a^2 + b^2 - ab = c^2 = 2\sqrt{3}\,S$.

(5) $\dfrac{\cos A + 2\cos C}{\cos A + 2\cos B} = \dfrac{b}{c}$.

10. 在 $\triangle ABC$ 中,求证:

(1) $a^2 = b^2\cos 2C + 2bc\cos(B - C) + c^2\cos 2B$.

(2) $(b^2 + c^2 - a^2)\tan A = (c^2 + a^2 - b^2)\tan B = (a^2 + b^2 - c^2)\tan C$.

(3) 若 $B = 2C$,则 $b^2 - c^2 = ac$.

(4) 若 $C = 60°$,则 $\dfrac{1}{a + c} + \dfrac{1}{b + c} = \dfrac{3}{a + b + c}$.

(5) 若 $A : B : C = 4 : 2 : 1$,则 $\dfrac{1}{a} + \dfrac{1}{b} = \dfrac{1}{c}$.

11. 在 $\triangle ABC$ 中,求证:

$a^2 - 2ab\cos(60° + C) = c^2 - 2bc\cos(60° + A)$

12. 在 $\triangle ABC$ 中,已知 $\sin A\cos^2 \dfrac{C}{2} + \sin C \cdot \cos^2 \dfrac{A}{2} = \dfrac{3}{2}\sin B$.

(1) 求证:a, b, c 成等差数列.

(2) 求证:$\cos \dfrac{A - C}{2} = 2\cos \dfrac{A + C}{2}$.

（3）求 $\dfrac{\cos A + \cos C}{1 + \cos A \cos C}$ 的值.

（4）若 $A = 2C, b = 4$，求 a, c.

13. 在 $\triangle ABC$ 中，a, b, c 成等比数列.

（1）求公比 q 的取值范围.

（2）求证 $B \leqslant 60°$.

（3）求证 $\cos(A - C) + \cos B + \cos 2B = 1$.

（4）求 $\dfrac{1 + \sin 2B}{\sin B + \cos B}$ 的取值范围.

14. 如图 3.10，某渔轮在航行中遇险，发出呼救信号，我海军舰艇在 A 处收到信号，测出该渔轮的方位角为 45°、距离为 10 海里（1 海里 - 1.852 公里）的 C 处，并测得渔轮正沿方位角为 105° 的方向，以 9 海里／时（1.852 公里／时）的速度向距渔轮 9 海里的小岛 B 靠拢，我海军舰艇立即以 21 海里／时的速度前去营救. 问追上渔轮时离 B 岛还有多远?

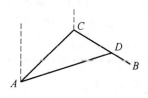

图 3.10

15. 求证：各边为定长的四边形内接于圆时面积最大.

三角不等式

含有未知数的三角函数的不等式叫作三角不等式,借助于三角函数线或者三角函数的图象,容易求出三角不等式的解集.关于三角不等式的证明,如同证明代数不等式一样.但三角函数有它的一些性质,如正弦函数和余弦函数的有界性、三角函数的单调性等,因此,证明三角不等式还有一些不同于代数不等式的方法.

用证明代数不等式的方法来证明三角不等式,除了应用不等式的性质、函数的单调性以外,多见于均值不等式的应用.

例 1 设 $\alpha + \beta + \gamma = \dfrac{\pi}{2}$,求证

$$\tan^2\alpha + \tan^2\beta + \tan^2\gamma \geq 1.$$

证明 由

$$\alpha + \beta + \gamma = \frac{\pi}{2}$$

得

$$\alpha + \beta = \frac{\pi}{2} - \gamma$$

$$\frac{\tan \alpha + \tan \beta}{1 - \tan \alpha \tan \beta} = \frac{1}{\tan \gamma}$$

$$\tan \alpha \tan \beta + \tan \beta \tan \gamma + \tan \gamma \tan \alpha = 1$$

又

$$\tan^2 \alpha + \tan^2 \beta \geqslant 2\tan \alpha \tan \beta$$

$$\tan^2 \beta + \tan^2 \gamma \geqslant 2\tan \beta \tan \gamma$$

$$\tan^2 \gamma + \tan^2 \alpha \geqslant 2\tan \gamma \tan \alpha$$

所以

$$\tan^2 \alpha + \tan^2 \beta + \tan^2 \gamma$$

$$\geqslant \tan \alpha \tan \beta + \tan \beta \tan \gamma + \tan \gamma \tan \alpha$$

$$\tan^2 \alpha + \tan^2 \beta + \tan^2 \gamma \geqslant 1$$

说明 $\tan \alpha, \tan \beta, \tan \gamma \in (-\infty, +\infty)$,这里所要证的三角不等式,其实是一个地道的代数不等式,只是要注意三角恒等变换公式的运用.

例2 在锐角 $\triangle ABC$ 中,求证:

(1)$\tan A \tan B \tan C \geqslant 3\sqrt{3}$.

(2)$\tan^n A + \tan^n B + \tan^n C > 3 + \dfrac{3n}{2}(n \in \mathbf{N}_+)$.

证明 (1)由 $\triangle ABC$ 是锐角三角形,得

$$\tan A > 0, \tan B > 0, \tan C > 0$$

且有

$$\tan A + \tan B + \tan C = \tan A \tan B \tan C$$

因为

$$\tan A + \tan B + \tan C \geqslant 3\sqrt[3]{\tan A \tan B \tan C}$$

所以

111

$$\tan A\tan B\tan C \geqslant 3\sqrt[3]{\tan A\tan B\tan C}$$

$$(\tan A\tan B\tan C)^{\frac{2}{3}} \geqslant 3$$

$$\tan A + \tan B + \tan C \geqslant 3^{\frac{2}{3}} = 3\sqrt{3}$$

$$(2)\tan^n A + \tan^n B + \tan^n C \geqslant 3\sqrt[3]{\tan^n A\tan^n B\tan^n C}$$

$$\geqslant 3\sqrt[3]{(3\sqrt{3})^n}$$

$$= 3 \cdot (\sqrt{3})^n$$

又

$$(\sqrt{3})^n > \left(1 + \frac{1}{2}\right)^n \geqslant 1 + \frac{n}{2}$$

所以

$$\tan^n A + \tan^n B + \tan^n C \geqslant 3\left(1 + \frac{n}{2}\right) = 3 + \frac{3n}{2}$$

例3 设 $\alpha,\beta \in \left(0,\dfrac{\pi}{2}\right)$,求证

$$\frac{1}{\cos^2\alpha} + \frac{1}{\sin^2\alpha\sin^2\beta\cos^2\beta} \geqslant 9$$

并讨论 α,β 为何值时等号成立.

分析 $\sin^2\beta\cos^2\beta = \dfrac{1}{4}\sin^2\beta \leqslant \dfrac{1}{4}$,经局部调整

$$左边 \geqslant \frac{1}{\cos^2\alpha} + \frac{4}{\sin^2\alpha}$$

所以只需证明

$$\frac{1}{\cos^2\alpha} + \frac{4}{\sin^2\alpha} \geqslant 9$$

证明 $\dfrac{1}{\cos^2\alpha} + \dfrac{1}{\sin^2\alpha\sin^2\beta\cos^2\beta}$

$$= \frac{1}{\cos^2\alpha} + \frac{4}{\sin^2\alpha\sin^2 2\beta}$$

112

$$\geqslant \frac{1}{\cos^2\alpha} + \frac{4}{\sin^2\alpha}$$

$$= \frac{\sin^2\alpha + \cos^2\alpha}{\cos^2\alpha} + \frac{4(\sin^2\alpha + \cos^2\alpha)}{\sin^2\alpha}$$

$$= 5 + \tan^2\alpha + 4\cot^2\alpha$$

$$\geqslant 5 + 4 = 9$$

当且仅当 $\sin^2 2\beta = 1$，$\tan^2\alpha = 2$，即 $\alpha = \arctan\sqrt{2}$，$\beta = \dfrac{\pi}{4}$ 时等号成立.

说明　可利用平方关系 $\sec^2\alpha = 1 + \tan^2\alpha$，$\csc^2\alpha = 1 + \cot^2\alpha$ 直接变形.

例 4　设 $\alpha \in (0, \pi)$，求证：$\sin\alpha + \dfrac{5}{\sin\alpha} \geqslant 6$.

证明　设 $x = \sin\alpha$，则 $x \in (0, 1]$

$$\sin\alpha + \frac{5}{\sin\alpha} = x + \frac{5}{x}$$

因为函数 $f(x) = x + \dfrac{5}{x}$ 在 $(0, 1]$ 上是减函数，所以当 $x = 1$ 时 $\left(x + \dfrac{5}{x}\right)_{\min} = 6$，就是 $\sin\alpha = 1$，即当 $\alpha = \dfrac{\pi}{2}$ 时

$$\left(\sin\alpha + \frac{5}{\sin\alpha}\right)_{\min} = 6$$

所以

$$\sin\alpha + \frac{5}{\sin\alpha} \geqslant 6$$

$y = \sin x$，$y = \cos x$ 的有界性，在证明三角不等式中应用比较普遍. 如

$$\left|\frac{1}{\sin x}\right| \geqslant 1, 1 \pm \sin x \geqslant 0, 1 \pm \cos x \geqslant 0$$

$$| a\sin x + b\cos x | = | \sqrt{a^2 + b^2}\sin(x + \phi) |$$
$$\leqslant \sqrt{a^2 + b^2}$$

等.

例5 设 $a > b > 0$,求证 $\dfrac{a\sin x - b}{a\sin x + b}$ 的值不能介于

$\dfrac{a - b}{a + b}$ 和 $\dfrac{a + b}{a - b}$ 之间.

证明 设 $y = \dfrac{a\sin x - b}{a\sin x + b}$,则

$$\sin x = \frac{b(y + 1)}{a(y - 1)}$$

由 $| \sin x | \leqslant 1$,得

$$\left| \frac{b(y + 1)}{a(y - 1)} \right| \leqslant 1$$
$$| b(y + 1) | \leqslant | a(y - 1) |$$
$$b^2(y + 1)^2 \leqslant a^2(y - 1)^2$$
$$(a^2 - b^2)y^2 - 2(a^2 + b^2)y + (a^2 - b^2) \geqslant 0$$
$$\left(y - \frac{a - b}{a + b}\right)\left(y - \frac{a + b}{a - b}\right) \geqslant 0$$

由 $a > b > 0$ 得

$$\frac{a - b}{a + b} < 1, \frac{a + b}{a - b} > 1$$

所以

$$y \leqslant \frac{a - b}{a + b} \text{ 或 } y \geqslant \frac{a + b}{a - b}$$

说明 若令 $t = \sin x$,则问题转化为研究函数 $y = \dfrac{at - b}{at + b}, t \in [-1, 1]$ 的值域.

例6 设 $x \in (0, \pi)$,证明 $\cot \dfrac{x}{8} - \cot x > 3$.

分析　对于 $\cot\dfrac{x}{8}$ 和 $\cot x$，没有公式使它们直接产生联系. 但 x 是 $\dfrac{x}{2}$ 的二倍角，$\dfrac{x}{2}$ 是 $\dfrac{x}{4}$ 的二倍角，$\dfrac{x}{4}$ 是 $\dfrac{x}{8}$ 的二倍角. 因此我们先研究 $\cot\dfrac{x}{2}-\cot x$.

证明　$\cot\dfrac{x}{2}-\cot x=\dfrac{\cos\dfrac{x}{2}}{\sin\dfrac{x}{2}}-\dfrac{\cos x}{\sin x}$

$$=\dfrac{2\cot^2\dfrac{x}{2}-\cos x}{\sin x}$$

$$=\dfrac{1}{\sin x}$$

同理

$$\cot\dfrac{x}{4}-\cot\dfrac{x}{2}=\dfrac{1}{\sin\dfrac{x}{2}}$$

$$\cot\dfrac{x}{8}-\cot\dfrac{x}{4}=\dfrac{1}{\sin\dfrac{x}{4}}$$

所以

$$\cot\dfrac{x}{8}-\cot x=\dfrac{1}{\sin x}+\dfrac{1}{\sin\dfrac{x}{2}}+\dfrac{1}{\sin\dfrac{x}{4}}$$

由 $0<x<\pi$ 得

$$\dfrac{1}{\sin x}\geqslant 1,\dfrac{1}{\sin\dfrac{x}{2}}>1,\dfrac{1}{\sin\dfrac{x}{4}}>1$$

所以

$$\cot \frac{x}{8} - \cot x > 3$$

说明 用上述方法我们可以化简

$$\frac{1}{\sin x} + \frac{1}{\sin \frac{x}{2}} + \cdots + \frac{1}{\sin \frac{x}{2^{n-1}}}$$

和当 $x \in (0, \pi)$ 时,证明 $\cot \frac{x}{2^n} - \cot x > n$.

例 7 设 $\triangle ABC$ 的面积为 S,试证明

$$a^2 + b^2 + c^2 \geqslant 4\sqrt{3}S$$

证明

$$a^2 + b^2 + c^2 - 4\sqrt{3}S$$

$$= a^2 + b^2 + a^2 + b^2 - 2bc\cos C - 4\sqrt{3} \cdot \frac{1}{2}ab\sin C$$

$$= 2(a^2 + b^2) - 2ab(\sqrt{3}\sin C + \cos C)$$

$$= 2(a^2 + b^2) - 4ab\sin\left(C + \frac{\pi}{6}\right)$$

由 $0 < C < \pi$,得

$$\frac{\pi}{6} < C + \frac{\pi}{6} < \frac{7\pi}{6}$$

$$-\frac{1}{2} < \sin\left(C + \frac{\pi}{6}\right) \leqslant 1$$

所以

$$2(a^2 + b^2) - 4ab\sin\left(C + \frac{\pi}{6}\right)$$

$$\geqslant 2(a^2 + b^2) - 4ab = 2(a - b)^2 \geqslant 0$$

当且仅当 $C + \frac{\pi}{6} = \frac{\pi}{2}$ 且 $a - b = 0$ 时取等号,即 $\triangle ABC$ 为等边三角形时取等号.

所以

$$a^2 + b^2 + c^2 \geqslant 4\sqrt{3}\,S$$

例 8 已知函数 $f(x)$ 的定义域是 $\left(-\dfrac{\sqrt{3}}{3}, \dfrac{\sqrt{3}}{3}\right)$,求

函数 $g(x) = f\left(\dfrac{\cos x}{2 + \sin x}\right)$ 的定义域.

解 解法 1:设 $\dfrac{\cos x}{2 + \sin x} = t$,则

$$\cos x = 2t + t\sin x$$

$$\cos x - t\sin x = 2t$$

$$\cos(x + \phi) = \dfrac{2t}{\sqrt{1 + t^2}}$$

其中角 ϕ 由 $\cos\phi = \dfrac{1}{\sqrt{1 + t^2}}$ 且 $\sin\phi = \dfrac{t}{\sqrt{1 + t^2}}$ 确定. 由

$|\cos(x + \phi)| \leqslant 1$,得

$$\left|\dfrac{2t}{\sqrt{1 + t^2}}\right| \leqslant 1, \ -\dfrac{\sqrt{3}}{3} \leqslant t \leqslant \dfrac{\sqrt{3}}{3}$$

但 $f(x)$ 的定义域是 $\left(-\dfrac{\sqrt{3}}{3}, \dfrac{\sqrt{3}}{3}\right)$,所以 $t \neq \pm\dfrac{\sqrt{3}}{3}$. 由

$t \neq \dfrac{\sqrt{3}}{3}$ 得 $\dfrac{\cos x}{2 + \sin x} \neq \dfrac{\sqrt{3}}{3}, x \neq 2k\pi - \dfrac{\pi}{6}$;由 $t \neq -\dfrac{\sqrt{3}}{3}$ 得

$$\dfrac{\cos x}{2 + \sin x} \neq -\dfrac{\sqrt{3}}{3}, x \neq 2k\pi + \dfrac{7\pi}{6} \quad (k \in \mathbf{Z})$$

所以 $g(x)$ 的定义域是 $\{x \mid x \in \mathbf{R},$ 且 $x \neq 2k\pi - \dfrac{\pi}{6},$

$x \neq 2k\pi + \dfrac{7\pi}{6}, k \in \mathbf{Z}\}$.

解法 2:因为 $f(x)$ 的定义域是 $\left(-\dfrac{\sqrt{3}}{3}, \dfrac{\sqrt{3}}{3}\right)$,所以

$g(x)$ 的定义域由不等式 $-\dfrac{\sqrt{3}}{3} < \dfrac{\cos x}{2 + \sin x} < \dfrac{\sqrt{3}}{3}$ 确定.

不等式 $\dfrac{\cos x}{2 + \sin x} < \dfrac{\sqrt{3}}{3}$ 的解集是 $\{x \mid x \in \mathbf{R}, 且 x \neq 2k\pi - \dfrac{\pi}{6}, k \in \mathbf{Z}\}$.

不等式 $\dfrac{\cos x}{2 + \sin x} > -\dfrac{\sqrt{3}}{3}$ 的解集是 $\{x \mid x \in \mathbf{R}, 且 x \neq 2k\pi + \dfrac{7\pi}{6}, k \in \mathbf{Z}\}$, 所以 $g(x)$ 的定义域是

$$\{x \mid x \in \mathbf{R}, 且 x \neq 2k\pi - \dfrac{\pi}{6}, x \neq 2k\pi + \dfrac{7\pi}{6}, k \in \mathbf{Z}\}$$

函数单调性定义本身就是一个条件不等式. 利用三角函数的单调性, 是证明三角不等式的基本方法之一.

例 9 在锐角 $\triangle ABC$ 中, 求证:

(1) $\sin A > \cos B$.

(2) $\sin A + \sin B + \sin C > \cos A + \cos B + \cos C$.

(3) 若这个三角形的外接圆半径为 1, 则它的三个内角的余弦之和小于周长的一半.

分析 转化为同名三角函数, 以便利用函数的单调性.

证明 (1) 由 $\triangle ABC$ 是锐角三角形知 $A, B \in \left(0, \dfrac{\pi}{2}\right)$ 且 $A + B > \dfrac{\pi}{2}, A > \dfrac{\pi}{2} - B, \dfrac{\pi}{2} - B \in \left(0, \dfrac{\pi}{2}\right)$.

正弦函数 $y = \sin x$ 在 $\left[0, \dfrac{\pi}{2}\right]$ 上是增函数, 所以

$$\sin A > \sin\left(\dfrac{\pi}{2} - B\right)$$

即

$$\sin A > \cos B$$

（2）同理可证 $\sin B > \cos C, \sin C > \cos A$，所以

$$\sin A + \sin B + \sin C > \cos A + \cos B + \cos C$$

（3）$R = 1$，故 $a = 2\sin A, b = 2\sin B, c = 2\sin C$

$$\cos A + \cos B + \cos C < \sin A + \sin B + \sin C$$

$$= \frac{1}{2}(a + b + c)$$

例 10　设 α, β, γ 是任意锐角三角形的三个内角，且 $\alpha < \beta < \gamma$，求证：$\sin 2\alpha > \sin 2\beta > \sin 2\gamma$.

证明　由 $\gamma = \pi - (\alpha + \beta) < \dfrac{\pi}{2}$，得

$$\alpha + \beta > \frac{\pi}{2}, 2\alpha + 2\beta > \pi$$

所以

$$\pi - 2\beta < 2\alpha < 2\beta$$

$$\sin 2\alpha > \sin 2\beta$$

又由 $\alpha + \beta > \dfrac{\pi}{2}$ 及 $\alpha < \beta$ 得 $2\beta > \dfrac{\pi}{2}$，所以

$$\frac{\pi}{2} < 2\beta < 2\gamma < \pi$$

$y = \sin x$ 在 $\left[\dfrac{\pi}{2}, \pi \right]$ 上是减函数，所以

$$\sin 2\beta > \sin 2\gamma$$

即

$$\sin 2\alpha > \sin 2\beta > \sin 2\gamma$$

说明　函数的单调性是对区间而言的，在运用函数的单调性时，必须先确定自变量所在的区间.

例 11　设 $x \geqslant y \geqslant z \geqslant \dfrac{\pi}{12}$，且 $x + y + z = \dfrac{\pi}{2}$，求

119

$\cos x\sin y\cos z$ 的最大值和最小值.

解 由已知条件得

$$x = \frac{\pi}{2} - (y + z) \leqslant \frac{\pi}{2} - \left(\frac{\pi}{12} + \frac{\pi}{12}\right) = \frac{\pi}{3}$$

$$\sin(x - y) \geqslant 0, \sin(y - z) \geqslant 0$$

所以

$$\cos x\sin y\cos z = \frac{1}{2}\cos x[\sin(y + z) + \sin(y - z)]$$

$$\geqslant \frac{1}{2}\cos x\sin(y + z) = \frac{1}{2}\cos^2 x$$

$$\geqslant \frac{1}{2}\cos^2\frac{\pi}{3} = \frac{1}{8}$$

当且仅当 $x = \frac{\pi}{3}, y = z = \frac{\pi}{12}$ 时等号成立. 又

$$\cos x\sin y\cos z = \frac{1}{2}\cos z[\sin(x + y) - \sin(x - y)]$$

$$\leqslant \frac{1}{2}\cos z\sin(x + y) = \frac{1}{2}\cos^2 z$$

$$\leqslant \frac{1}{2}\cos^2\frac{\pi}{12}$$

$$= \frac{1}{4}\left(1 + \cos\frac{\pi}{6}\right) = \frac{2 + \sqrt{3}}{8}$$

当且仅当 $x = y = \frac{5\pi}{24}, z = \frac{\pi}{12}$ 时等号成立.

所以 $\cos x\sin y\cos z$ 的最小值为 $\frac{1}{8}$,最大值为

$\frac{2 + \sqrt{3}}{8}$.

例 12 已知 $0 < \theta_1 < \theta_2 < \cdots < \theta_n < \frac{\pi}{2}$,求证

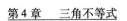

$$\tan \theta_1 < \frac{\sin \theta_1 + \sin \theta_2 + \cdots + \sin \theta_n}{\cos \theta_1 + \cos \theta_2 + \cdots + \cos \theta_n} < \tan \theta_n$$

证明　由已知条件得 $\sin \theta_i > 0, \cos \theta_i > 0,$ $\tan \theta_i > 0 (i = 1, 2, \cdots, n)$.

由正切函数 $y = \tan x$ 在 $\left(0, \dfrac{\pi}{2}\right)$ 内是增函数,得

$$\tan \theta_1 < \tan \theta_2 < \cdots < \tan \theta_n$$

因为

$$\sin \theta_i = \tan \theta_i \cdot \cos \theta_i \quad (i = 1, 2, \cdots, n)$$

所以

$$\tan \theta_1 \cos \theta_i < \sin \theta_i$$
$$< \tan \theta_n \cos \theta_i \quad (i = 2, 3, \cdots, n - 1)$$

$$\tan \theta_1 \sum_{i=1}^{n} \cos \theta_i < \sum_{i=1}^{n} \sin \theta_i < \tan \theta_n \sum_{i=1}^{n} \cos \theta_i$$

而

$$\sum_{i=1}^{n} \cos \theta_i > 0$$

所以

$$\tan \theta_1 < \frac{\displaystyle\sum_{i=1}^{n} \sin \theta_i}{\displaystyle\sum_{i=1}^{n} \cos \theta_i} < \tan \theta_n$$

在第一章,我们利用三角函数线,证明了当 $\alpha \in \left(0, \dfrac{\pi}{2}\right)$ 时,$\sin \alpha < \alpha < \tan \alpha$. 下面我们举例说明这一重要不等式的一些应用.

例 13　设 $\triangle ABC$ 为锐角三角形,求证:

$$\sin A + \sin B + \sin C + \tan A + \tan B + \tan C > 2\pi$$

分析　考虑同角关系,先研究 $\sin A + \tan A.$

证明 $\sin A + \tan A = \dfrac{2\tan\dfrac{A}{2}}{1 + \tan^2\dfrac{A}{2}} + \dfrac{2\tan\dfrac{A}{2}}{1 - \tan^2\dfrac{A}{2}}$

$$= \dfrac{4\tan\dfrac{A}{2}}{1 - \tan^4\dfrac{A}{2}}$$

由 $0 < A < \dfrac{\pi}{2}$,得

$$0 < \dfrac{A}{2} < \dfrac{\pi}{4}, 0 < \tan\dfrac{A}{2} < 1$$

所以

$$\sin A + \tan A > 4\tan\dfrac{A}{2} > 4 \cdot \dfrac{A}{2} = 2A$$

同理

$$\sin B + \tan B > 2B, \sin C + \tan C > 2C$$

所以

$$\sin A + \sin B + \sin C + \tan A + \tan B + \tan C$$
$$> 2(A + B + C) = 2\pi$$

例 14 设 $x \in (0, \pi)$,证明 $\sin x > x - \dfrac{x^3}{4}$.

分析 将 $\sin x$ 用 $\dfrac{x}{2}$ 的正弦和正切表示.

证明 $\sin x = 2\sin\dfrac{x}{2}\cos\dfrac{x}{2} = 2\tan\dfrac{x}{2}\cos^2\dfrac{x}{2}$

$$= 2\tan\dfrac{x}{2}\left(1 - \sin^2\dfrac{x}{2}\right)$$

由 $x \in (0, \pi)$,得 $\dfrac{x}{2} \in \left(0, \dfrac{\pi}{2}\right)$,从而有

$$\tan \frac{x}{2} > \frac{x}{2} > 0$$

$$\sin^2 \frac{x}{2} < \left(\frac{x}{2}\right)^2, 1 - \sin^2 \frac{x}{2} > 1 - \frac{x^2}{4}$$

$$\tan \frac{x}{2} \left(1 - \sin^2 \frac{x}{2}\right) > \frac{x}{2} \left(1 - \frac{x^2}{4}\right)$$

所以

$$\sin x > 2 \cdot \frac{x}{2} \left(1 - \frac{x^2}{4}\right) = x - \frac{x^3}{4}$$

例15 设 $a, b, c \in \left(0, \frac{\pi}{2}\right)$，且满足 $\cos a = a$，$\sin(\cos b) = b, \cos(\sin c) = c$，试将这些数按从小到大的顺序排列.

解 由 $a, b, c \in \left(0, \frac{\pi}{2}\right)$ 得 $\sin a, \cos a, \sin b$，$\cos b, \sin c, \cos c \in (0, 1) \subseteq \left(0, \frac{\pi}{2}\right)$，$\sin(\cos b) < \cos b$，即 $b < \cos b$. 由 $\sin c < c$ 得 $\cos(\sin c) > \cos c$，而 $c > \cos c$.

在同一直角坐标系中作出函数 $y = \cos x, x \in \left(0, \frac{\pi}{2}\right)$ 和 $y = x$ 的图象如图 4.1，由图象知 $b < a < c$.

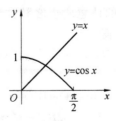

图 4.1

说明 也可以用反证法证明. 若 $a \leqslant b$，则 $a =$

$\cos a \geqslant \cos b > b$,导致矛盾;若 $a \geqslant c$,则 $a = \cos a \leqslant \cos c < c$,也导致矛盾.

平面几何中的定理"在三角形中,大角所对的边较大",可以表述为 $(a-b)(A-B) \geqslant 0$. 这一结论也可以反映在三角不等式的证明中.

例 16 $\triangle ABC$ 中,求证

$$\frac{\pi}{3} \leqslant \frac{aA + bB + cC}{a + b + c} < \frac{\pi}{2}$$

证明 $(a - b)(A - B) \geqslant 0$,即

$$aA + bB \geqslant aB + bA$$

同理

$$bB + cC \geqslant bC + cB$$
$$cC + aA \geqslant cA + aC$$

所以

$$2(aA + bB + cC)$$
$$\geqslant a(B + C) + b(C + A) + c(A + B)$$
$$= a(\pi - A) + b(\pi - B) + c(\pi - C)$$
$$= \pi(a + b + c) - (aA + bB + cC)$$
$$3(aA + bB + cC) \geqslant \pi(a + b + c)$$
$$\frac{aA + bB + cC}{a + b + c} \geqslant \frac{\pi}{3}$$

由于三角形的任意两边之和大于第三边及 $A > 0, B > 0, C > 0$,得

$$A(b + c - a) + B(c + a - b) + C(a + b - c) > 0$$

即

$$a(B + C - A) + b(C + A - B) + c(A + B - C) > 0$$
$$a(\pi - 2A) + b(\pi - 2B) + c(\pi - 2C) > 0$$
$$\pi(a + b + c) > 2(aA + bB + cC)$$

所以

$$\frac{aA + bB + cC}{a + b + c} < \frac{\pi}{2}$$

综上所述

$$\frac{\pi}{3} \leqslant \frac{aA + bB + cC}{a + b + c} < \frac{\pi}{2}$$

三角形的三个内角 A, B, C 约束于条件 $A, B, C \in (0, \pi)$ 且 $A + B + C = \pi$,它的三个内角的三角函数构成了丰富多彩的三角恒等式和三角不等式,为了研究三角形的不等式,我们先了解凸函数的概念及性质.

定义 设 $y = f(x)$ 是 $[a, b]$ 上的连续函数,若对 (a, b) 内任意 $x_1, x_2 (x_1 \neq x_2)$ 恒有

$$f\left(\frac{x_1 + x_2}{2}\right) > \frac{1}{2}[f(x_1) + f(x_2)]$$

则称 $f(x)$ 在区间 $[a, b]$ 上是凸函数;若恒有

$$f\left(\frac{x_1 + x_2}{2}\right) < \frac{1}{2}[f(x_1) + f(x_2)]$$

则称 $f(x)$ 在区间 $[a, b]$ 上是凹函数.

性质 若函数 $y = f(x)$ 是 $[a, b]$ 上的凸(凹)函数,则对于该区间内任意 n 个自变量的值 $x_1, x_2, \cdots, x_n$

$$f\left(\frac{x_1 + x_2 + \cdots + x_n}{n}\right)$$

$$\geqslant (\leqslant) \frac{f(x_1) + f(x_2) + \cdots + f(x_n)}{n}$$

当且仅当 $x_1 = x_2 = \cdots = x_n$ 时等号成立.

在 1994 年高考中已出现这类问题:

已知函数 $f(x) = \tan x, x \in \left(0, \frac{\pi}{2}\right)$,若 $x_1, x_2 \in \left(0, \frac{\pi}{2}\right)$,且 $x_1 \neq x_2$,证明

125

$$\frac{1}{2}[f(x_1) + f(x_2)] > f\left(\frac{x_1 + x_2}{2}\right)$$

实质上是证明 $f(x) = \tan x$ 在 $\left(0, \frac{\pi}{2}\right)$ 上是凹函数.

利用函数的凹凸性证明三角不等式或求最大值、最小值,通常按两步操作:(1)判断函数的凹凸性;(2)应用性质定理.

例 17　在 $\triangle ABC$ 中,求证 $\sin A + \sin B + \sin C \leqslant \frac{3\sqrt{3}}{2}$.

证明　先确定 $f(x) = \sin x$ 在 $(0, \pi)$ 内的凹凸性.
设 $x_1, x_2 \in (0, \pi)$,且 $x_1 \neq x_2$,则

$$\left|\frac{x_1 - x_2}{2}\right| < \frac{\pi}{2}$$

$$\frac{1}{2}[f(x_1) + f(x_2)] = \frac{1}{2}(\sin x_1 + \sin x_2)$$

$$= \sin \frac{x_1 + x_2}{2} \cos \frac{x_1 - x_2}{2}$$

$$< \sin \frac{x_1 + x_2}{2}$$

$$= f\left(\frac{x_1 + x_2}{2}\right)$$

所以 $f(x) = \sin x$ 在 $(0, \pi)$ 上是凸函数.
又 $A, B, C \in (0, \pi)$,所以

$$\frac{\sin A + \sin B + \sin C}{3} \leqslant \sin \frac{A + B + C}{3} = \sin \frac{\pi}{3} = \frac{\sqrt{3}}{2}$$

$$\sin A + \sin B + \sin C \leqslant \frac{3\sqrt{3}}{2}$$

当且仅当 $A = B = C = \frac{\pi}{3}$ 时等号成立.

当然,这个不等式不利用凸函数的性质也可以证明,只是变形复杂一点

$$\sin A + \sin B + \sin C$$

$$= 2\sin\frac{A+B}{2}\cos\frac{A-B}{2} + \sin C$$

$$\leqslant 2\cos\frac{C}{2} + 2\sin\frac{C}{2}\cos\frac{C}{2}$$

$$= 2\cos\frac{C}{2}\left(1 + \sin\frac{C}{2}\right)$$

$$= 2\sqrt{1 - \sin^2\frac{C}{2}}\left(1 + \sin\frac{C}{2}\right)$$

$$= 2\sqrt{\left(1 - \sin\frac{C}{2}\right)\left(1 + \sin\frac{C}{2}\right)^3}$$

$$= \frac{2}{\sqrt{3}}\sqrt{3\left(1 - \sin\frac{C}{2}\right)\left(1 + \sin\frac{C}{2}\right)\left(1 + \sin\frac{C}{2}\right)\left(1 + \sin\frac{C}{2}\right)}$$

$$\leqslant \frac{2}{\sqrt{3}}\sqrt{\left(\frac{6}{4}\right)^4} = \frac{2}{\sqrt{3}}\cdot\left(\frac{3}{2}\right)^2 = \frac{3\sqrt{3}}{2}$$

当且仅当

$$\begin{cases} \cos\dfrac{A-B}{2} = 1 \\ 3\left(1 - \sin\dfrac{C}{2}\right) = 1 + \sin\dfrac{C}{2} \end{cases}$$

时,即 $A = B = C = \dfrac{\pi}{3}$ 时等号成立.

由于 $y = \tan x$ 在 $\left(0, \dfrac{\pi}{2}\right)$ 内是凹函数,本章例 2 可简证如下

$$\tan A\tan B\tan C = \tan A + \tan B + \tan C$$

$$\geqslant 3\tan\frac{A+B+C}{3} = 3\sqrt{3}$$

例18 （1）在 $\triangle ABC$ 中,求证 $\sin A \sin B \sin C \leqslant \dfrac{3\sqrt{3}}{8}$.

（2）设 $\triangle ABC$ 和 $\triangle A_1B_1C_1$ 的边长分别为 a,b,c 和 a_1,b_1,c_1,面积分别为 S 和 S_1,求证
$$a^2a_1^2 + b^2b_1^2 + c^2c_1^2 \geqslant 16SS_1$$

证明 （1）

$\sin A \sin B \sin C$

$$= \frac{1}{2}\big[\cos(A - B) - \cos(A + B)\big]\sin C$$

$$\leqslant \frac{1}{2}(1 + \cos C)\sqrt{(1 + \cos C)(1 - \cos C)}$$

$$= \frac{1}{2}\sqrt{(1 + \cos C)^3(1 - \cos C)}$$

$$= \frac{1}{2\sqrt{3}}\sqrt{(1 + \cos C)(1 + \cos C)(1 + \cos C)\cdot 3(1 - \cos C)}$$

$$\leqslant \frac{1}{2\sqrt{3}}\sqrt{\left(\frac{6}{4}\right)^4} = \frac{1}{2\sqrt{3}}\cdot\left(\frac{3}{2}\right)^2 = \frac{3\sqrt{3}}{8}$$

当且仅当

$$\begin{cases} \cos(A - B) = 1 \\ 1 + \cos C = 3(1 - \cos C) \end{cases}$$

时,即 $A = B = C = \dfrac{\pi}{3}$ 时等号成立.

（2） $a^2a_1^2 + b^2b_1^2 + c^2c_1^2$

$$\geqslant 3\sqrt[3]{(abc)^2(a_1b_1c_1)^2}$$

$$= 3\sqrt[3]{ab\cdot bc\cdot ca\cdot a_1b_1\cdot b_1c_1\cdot c_1a_1}$$

$$= 3\sqrt[3]{\frac{2S}{\sin C}\cdot\frac{2S}{\sin A}\cdot\frac{2S}{\sin B}\cdot\frac{2S_1}{\sin C_1}\cdot\frac{2S_1}{\sin A_1}\cdot\frac{2S_1}{\sin B_1}}$$

$$= 12SS_1 \sqrt{\frac{1}{\sin A \sin B \sin C} \cdot \frac{1}{\sin A_1 \sin B_1 \sin C_1}}$$

因为

$$\sin A \sin B \sin C \leqslant \frac{3\sqrt{3}}{8}, \sin A_1 \sin B_1 \sin C_1 \leqslant \frac{3\sqrt{3}}{8}$$

$$\frac{1}{\sin A \sin B \sin C} \geqslant \frac{8}{3\sqrt{3}}, \frac{1}{\sin A_1 \sin B_1 \sin C_1} \geqslant \frac{8}{3\sqrt{3}}$$

所以

$$a^2 a_1^2 + b^2 b_1^2 + c^2 c_1^2 \geqslant 12SS_1 \cdot \left(\frac{8}{3\sqrt{3}}\right)^{2/3} = 16SS_1$$

在证明较复杂的三角不等式时,对本章所述的一些基本方法应灵活地运用,同时还要综合运用代数、三角、几何等方面的知识和方法.

例 19　设 a, b, A, B 为给定的实常数

$$f(\theta) = 1 - a\cos\theta - b\sin\theta - A\cos 2\theta - B\sin 2\theta$$

求证:若 $f(\theta) \geqslant 0$ 对所有实数 θ 成立,则

$$a^2 + b^2 \leqslant 2; A^2 + B^2 \leqslant 1$$

证明　$f(\theta)$ 的表达式可变形为

$$f(\theta) = 1 - \sqrt{a^2 + b^2}\cos(\theta - \phi_1) - \sqrt{A^2 + B^2}\cos(2\theta - \phi_2)$$

其中 ϕ_1, ϕ_2 由

$$\begin{cases} \cos\phi_1 = \dfrac{a}{\sqrt{a^2 + b^2}} \\ \sin\phi_1 = \dfrac{b}{\sqrt{a^2 + b^2}} \end{cases}, \begin{cases} \cos\phi_2 = \dfrac{A}{\sqrt{A^2 + B^2}} \\ \sin\phi_2 = \dfrac{B}{\sqrt{A^2 + B^2}} \end{cases}$$

确定. 由于 $f(\theta) \geqslant 0$ 对任何实数 θ 都成立,所以

$$f\left(\phi_1 + \frac{\pi}{4}\right) \geqslant 0, f\left(\phi_1 - \frac{\pi}{4}\right) \geqslant 0$$

即

$$1 - \sqrt{a^2 + b^2}\cos\frac{\pi}{4} -$$

$$\sqrt{A^2 + B^2}\cos\left(2\phi_1 - \phi_2 + \frac{\pi}{2}\right) \geqslant 0$$

$$1 - \sqrt{a^2 + b^2}\cos\frac{\pi}{4} -$$

$$\sqrt{A^2 + B^2}\cos\left(2\phi_1 - \phi_2 - \frac{\pi}{2}\right) \geqslant 0$$

两式相加,得 $a^2 + b^2 \leqslant 2$,又

$$f\left(\frac{\phi_2}{2}\right) \geqslant 0, f\left(\pi + \frac{\phi_2}{2}\right) \geqslant 0$$

即

$$1 - \sqrt{a^2 + b^2}\cos\left(\frac{\phi_2}{2} - \phi_1\right) - \sqrt{A^2 + B^2} \geqslant 0$$

$$1 - \sqrt{a^2 + b^2}\cos\left(\pi + \frac{\phi_2}{2} - \phi_1\right) - \sqrt{A^2 + B^2} \geqslant 0$$

两式相加,得 $A^2 + B^2 \leqslant 1$.

说明 充分利用 $f(\theta) \geqslant 0$ 对任何实数 θ 都成立这一题设条件,即根据需要,令 θ 取某些特殊值.

例 20 已知当 $x \in [0,1]$ 时,不等式

$$x^2\cos\theta - x(1 - x) + (1 - x)^2\sin\theta > 0$$

恒成立,试求 θ 的取值范围.

解 设

$$f(x) = x^2\cos\theta - x(1 - x) +$$
$$(1 - x)^2\sin\theta \quad (x \in [0,1])$$

由题设条件知

$$f(0) = \sin\theta > 0, f(1) = \cos\theta > 0$$

将 $f(x)$ 的表达式变形为

$f(x) = (1 + \sin\theta + \cos\theta)x^2 - (1 + 2\sin\theta)x + \sin\theta$

由 $1 + \sin\theta + \cos\theta > 0$ 知 $f(x)$ 的图象是开口向上的抛物线,其顶点的横坐标为

$$\frac{1 + 2\sin\theta}{2(1 + \sin\theta + \cos\theta)}$$

$$= \frac{1 + 2\sin\theta}{1 + 2\sin\theta + 1 + 2\cos\theta} \in (0,1)$$

所以当 $x \in [0,1]$ 时,$f(x) > 0$ 恒成立的充要条件是

$$(1 + 2\sin\theta)^2 - 4(1 + \sin\theta + \cos\theta) \cdot \sin\theta < 0$$

即

$$\sin 2\theta > \frac{1}{2}$$

$$2k\pi + \frac{\pi}{6} < 2\theta < 2k\pi + \frac{5\pi}{6} \quad (k \in \mathbf{Z})$$

$$k\pi + \frac{\pi}{12} < \theta < k\pi + \frac{5\pi}{12} \quad (k \in \mathbf{Z})$$

注意到 $\sin\theta > 0$,$\cos\theta > 0$,得 θ 的取值范围是

$$2k\pi + \frac{\pi}{12} < \theta < 2k\pi + \frac{5\pi}{12} \quad (k \in \mathbf{Z})$$

练 习 4

1. 选择题.

(1) 设 $\alpha \in \left(0, \dfrac{\pi}{4}\right)$,下列不等式中正确的是 (　　).

A. $\sin 2\alpha > 2\sin\alpha$ 　　　B. $\cos 2\alpha > 2\cos\alpha$

C. $\tan 2\alpha > 2\tan\alpha$ 　　　D. $\cot 2\alpha > 2\cot\alpha$

（2）设 α,β 都是锐角，且 $\alpha + \beta < \dfrac{\pi}{2}$，则 $\tan(\alpha + \beta)$ 与 $\tan\alpha + \tan\beta$ 之间的大小关系是（ ）.

A. $\tan(\alpha + \beta) > \tan\alpha + \tan\beta$

B. $\tan(\alpha + \beta) = \tan\alpha + \tan\beta$

C. $\tan(\alpha + \beta) < \tan\alpha + \tan\beta$

D. 不能确定

（3）若 $\cos(2x + 3) > \cos(2x - 3)$，则 x 的取值范围是（ ）.

A. $(2k + 1)\pi < x < 2(k + 1)\pi$

B. $2k\pi - \dfrac{\pi}{2} < x < 2k\pi$

C. $k\pi < x < k\pi + \dfrac{\pi}{2}$

D. $k\pi - \dfrac{\pi}{2} < x < k\pi \,(k \in \mathbf{Z})$

（4）在 $\triangle ABC$ 中，$BC = 2$，$AB = 1$，则 $\angle C$ 的取值范围是（ ）.

A. $\left(0,\dfrac{\pi}{6}\right]$ A. $\left(0,\dfrac{\pi}{2}\right)$

C. $\left[\dfrac{\pi}{6},\dfrac{\pi}{2}\right)$ D. $\left[\dfrac{\pi}{6},\dfrac{\pi}{3}\right)$

（5）在锐角 $\triangle ABC$ 中，$BC = 2$，$AB = 3$，则 AC 的取值范围是（ ）.

A. $(1,\sqrt{5})$ B. $(\sqrt{5},\sqrt{13})$

C. $(\sqrt{13},5)$ D. $(\sqrt{5},5)$

（6）在 $\triangle ABC$ 中，若 $\tan\dfrac{A}{2}$，$\tan\dfrac{B}{2}$，$\tan\dfrac{C}{2}$ 成等比数列，则角 B 的取值范围是（ ）.

A. $\left(0, \dfrac{\pi}{6}\right]$ A. $\left(0, \dfrac{\pi}{3}\right]$

C. $\left[\dfrac{\pi}{3}, \dfrac{2\pi}{3}\right]$ D. $\left[\dfrac{2\pi}{3}, \pi\right)$

（7）过圆 O 外一点 A 作圆的两条切线 AB, AC，连 BC，则 $\triangle ABC$ 的周长 P 与劣弧 $\overparen{BC}$ 的长 l 之间的关系是（ ）．

A. $P > 2l$ B. $P = 2l$

C. $P < 2l$ D. 不能确定，与点 A 位置有关

（8）在 $\triangle ABC$ 中，若 $\cos A \cos B \cos C = \dfrac{1}{8}$，则 $\triangle ABC$ 是（ ）．

A. 非等腰三角形   B. 直角三角形

C. 等边三角形   D. 等腰直角三角形

2. 证明下列不等式：

（1）$\dfrac{1}{2} \leqslant \sin^4\alpha + \cos^4\alpha \leqslant 1$.

（2）$\dfrac{1}{4} \leqslant \sin^6\alpha + \cos^6\alpha \leqslant 1$.

（3）$-4 \leqslant \cos 2\alpha + 3\sin\alpha \leqslant \dfrac{17}{8}$.

（4）$0 < (\sin x + \tan x)(\cos x + \cot x) < 3$.

3. 已知 $0 < \alpha < \pi$，证明 $2\sin 2\alpha \leqslant \cot \dfrac{\alpha}{2}$，并讨论 α 为何值时等号成立.

4. 求证 $1 \leqslant \sqrt{|\sin\alpha|} + \sqrt{|\cos\alpha|} \leqslant 2^{\frac{3}{4}}$.

5. 已知 $\tan x = 3\tan y$，且 $0 \leqslant y < x < \dfrac{\pi}{2}$，求 $u = x - y$ 的最大值.

6. 在 $\triangle ABC$ 中,(1) 若 $A + C = 2B$,则 $a + c \leqslant 2b$.

(2) 若 $A, B, C \in \left(0, \dfrac{\pi}{2}\right)$,且 $C = 2B$,则 $\sqrt{2} < \dfrac{AB}{AC} < \sqrt{3}$.

(3) 若 $c > 2b$,则 $C > 2B$.

(4) $a \geqslant b\cos B + c\cos C$.

7. 设 α 为锐角,求证:

(1) $\left(1 + \dfrac{1}{\sin \alpha}\right)\left(1 + \dfrac{1}{\cos \alpha}\right) \geqslant 3 + 2\sqrt{2}$.

(2) $\left(\sin \alpha + \dfrac{1}{\sin \alpha}\right)\left(\cos \alpha + \dfrac{1}{\cos \alpha}\right) \geqslant \dfrac{9}{2}$.

8. 设 $\tan \theta = n\tan \phi (n > 0, \phi \neq k\pi, k \in \mathbf{Z})$,试证明 $\tan^2(\theta - \phi) \leqslant \dfrac{(n - 1)^2}{4n}$.

9. 设 $\alpha, \beta, \gamma \in \left(0, \dfrac{\pi}{2}\right)$,且 $\alpha + \beta + \gamma = \dfrac{\pi}{2}$,试证明

$\sqrt{\tan \alpha \tan \beta + 5} + \sqrt{\tan \beta \tan \gamma + 5} + \sqrt{\tan \gamma \tan \alpha + 5} \leqslant 4\sqrt{3}$

10. 设 $\alpha, \beta, \gamma \in \left(0, \dfrac{\pi}{2}\right)$,且满足 $\sin^2\alpha + \sin^2\beta + \sin^2\gamma = 1$,求证 $\dfrac{\pi}{2} < \alpha + \beta + \gamma < \dfrac{3\pi}{4}$.

11. 在锐角 $\triangle ABC$ 中,求证

$\tan A + \tan B + \tan C > \cot A + \cot B + \cot C$

12. 试证明:对于任何实数 x,$|\sin x|$ 与 $|\sin(x + 1)|$ 中至少有一个大于 $\dfrac{1}{3}$.

13. 求证:

(1) $\cos x \geqslant 1 - \dfrac{x^2}{2}$.

(2) 若 x 为锐角,则 $\cos x + x\sin x > 1$.

(3) 设 $0 < y < x < \dfrac{\pi}{2}$,求证

$$\sin x - \sin y < x - y < \tan x - \tan y$$

15. 在 $\triangle ABC$ 中,求证

(1) $\cos \dfrac{A}{2} \cos \dfrac{B}{2} \cos \dfrac{C}{2} \leqslant \dfrac{3\sqrt{3}}{8}$.

(2) $1 < \cos A + \cos B + \cos C \leqslant \dfrac{3}{2}$.

(3) $\dfrac{1}{a} + \dfrac{1}{b} + \dfrac{1}{c} \geqslant \dfrac{\sqrt{3}}{R}$.

(4) $ab + bc + ca \geqslant 4\sqrt{3}\,S$.

16. 在 $\triangle ABC$ 中,求证:

(1) $aA + bB + cC \geqslant aB + bC + cA$.

(2) $\dfrac{A\cos A + B\cos B + C\cos C}{\cos A + \cos B + \cos C} \leqslant \dfrac{\pi}{3}$.

17. 函数 $F(x) = |\cos^2 x + 2\sin x\cos x - \sin^2 x + Ax + B|$ 在 $\left[0, \dfrac{3\pi}{2}\right]$ 上的最大值与参数 A, B 有关,A, B 取什么值时 M 为最小? 证明你的结论.

18. 设 a, b, c 为 $\triangle ABC$ 的三边,$a \leqslant b \leqslant c$,$R$ 和 r 分别为 $\triangle ABC$ 的外接圆半径和内切圆半径,令 $f = a + b - 2R - 2r$,试用角 C 的大小来判定 f 的符号.

三角法

运用三角知识解决几何问题,或者通过三角代数,将代数问题转化为三角问题加以解决的方法,通常称之为三角法.

由于三角源于三角形测量,它在沟通形与数的联系方面有独特的优势,能将某些几何问题转化为三角形的边或角的三角函数之间的关系加以研究,将几何中的推理论证转化为三角函数的恒等变换.从而降低几何问题的思维难度.

例1 证明:分别以任意三角形的三边为边向形外作等边三角形,联结它们的中心,构成一个等边三角形.

分析 如图5.1,$\triangle GHM$ 的各边,例如 GH,它也是 $\triangle BGH$ 的边.在 $\triangle BGH$ 中,$BG,BH,\angle GBH$ 都可以用 $\triangle ABC$ 的边和角表示,因此 GH 可用 $\triangle ABC$ 的边和角表示.同理,HM,MG 也都可以用 $\triangle ABC$ 的边和角表示.

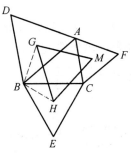

图 5.1

证明　$BG = \dfrac{c}{\sqrt{3}}, BH = \dfrac{a}{\sqrt{3}}, \angle GBH = 60° + B$

由余弦定理,在 $\triangle BCH$ 中

$$GH^2 = BG^2 + BH^2 - 2BG \cdot BH \cdot \cos \angle GBH$$

$$= \left(\frac{c}{\sqrt{3}}\right)^2 + \left(\frac{a}{\sqrt{3}}\right)^2 - 2 \cdot \frac{c}{\sqrt{3}} \cdot \frac{a}{\sqrt{3}} \cos(60° + B)$$

$$= \frac{c^2}{3} + \frac{a^2}{3} - \frac{2ca}{3}(\cos 60° \cos B - \sin 60° \sin B)$$

$$= \frac{c^2}{3} + \frac{a^2}{3} - \frac{2ca}{3}\left(\frac{1}{2} \cdot \frac{a^2 + c^2 - b^2}{2ac} - \frac{\sqrt{3}}{2} \cdot \frac{2S}{ac}\right)$$

$$= \frac{c^2 + a^2}{3} - \frac{a^2 + c^2 - b^2}{6} + \frac{2\sqrt{3}}{3}S$$

$$= \frac{1}{6}(a^2 + b^2 + c^2) + \frac{2\sqrt{3}}{3}S$$

同理可证

$$HM^2 = MG^2 = \frac{1}{6}(a^2 + b^2 + c^2) + \frac{2\sqrt{3}}{3}S$$

所以 $GH = HM = MG$, $\triangle GHM$ 是等边三角形.

例2　试证明:唯一存在这样的三角形,它的三边长是三个连续的自然数,且有一个角是另一个角的 2

倍.

解　设边长为 $a = n - 1, b = n, c = n + 1(n \in \mathbf{N}$ 且 $n > 1)$ 的三角形满足条件:它的三个内角分别为 α, $2\alpha, \pi - 3\alpha$. 显然 $0 < \alpha < \dfrac{\pi}{3}$.

由于

$$\frac{\sin(\pi - 3\alpha)}{\sin \alpha} = \frac{\sin 3\alpha}{\sin \alpha} = 3 - 4\sin^2\alpha = 4\cos^2\alpha - 1$$

$$= \left(\frac{\sin 2\alpha}{\sin \alpha}\right)^2 - 1$$

（1）若 $A = \alpha, B = 2\alpha$, 则 $C = \pi - 3\alpha$. 由正弦定理得

$$\frac{n-1}{\sin \alpha} = \frac{n}{\sin 2\alpha} = \frac{n+1}{\sin 3\alpha}$$

$$\frac{n+1}{n-1} = \left(\frac{n}{n-1}\right)^2 - 1$$

$$n = 2$$

因此 $a = 1, b = 2, c = 3$, 不能构成三角形.

（2）若 $A = \alpha, C = 2\alpha$, 则 $B = \pi - 3\alpha$, 由正弦定理得

$$\frac{n-1}{\sin \alpha} = \frac{n}{\sin 3\alpha} = \frac{n+1}{\sin 2\alpha}$$

$$\frac{n}{n-1} = \left(\frac{n+1}{n-1}\right)^2 - 1$$

$$n = 5$$

因此 $a = 4, b = 5, c = 6$, 能构成三角形, 此时, 由余弦定理得 $\cos A = \dfrac{3}{4}, \cos C = \dfrac{1}{8}$, 满足 $\cos C = \cos 2A$, 从而满足 $C = 2A$.

（3）若 $B = \alpha, C = 2\alpha$, 则 $A = \pi - 3\alpha$, 由正弦定理

得

$$\frac{n-1}{\sin 3\alpha} = \frac{n}{\sin \alpha} = \frac{n+1}{\sin 2\alpha}$$

$$\frac{n-1}{n} = \left(\frac{n+1}{n}\right)^2 - 1$$

$$n^2 - 3n - 1 = 0$$

这个方程没有整数解.

综上所述,满足条件的三角形是唯一的,它的三边的长分别为 4,5,6.

例 3　Menelaus 定理.

直线 l 与 $\triangle ABC$ 的三边 AB, BC, CA 或它们的延长线依次相交于 D, E, F,求证

$$\frac{AD}{DB} \cdot \frac{BE}{EC} \cdot \frac{CF}{FA} = 1$$

分析　结论中的六条线段 AD 和 FA, BE 和 DB, CF 和 EC 分别是 $\triangle ADF$, $\triangle BDE$, $\triangle CFE$ 的两条边,可运用正弦定理,将比值 $\dfrac{AD}{FA}, \dfrac{BE}{DB}, \dfrac{CF}{EC}$ 表示成角的正弦的比值.

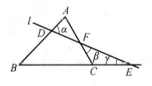

图 5.2

证明　设 $\angle ADF = \alpha$, $\angle CFE = \beta$, $\angle CEF = \gamma$,由正弦定理,在 $\triangle ADF$ 中

$$\frac{AD}{FA} = \frac{\sin \beta}{\sin \alpha}$$

在 $\triangle BDE$ 中

$$\frac{BE}{DB} = \frac{\sin(180° - \alpha)}{\sin \gamma} = \frac{\sin \alpha}{\sin \gamma}$$

在 $\triangle CFE$ 中

$$\frac{CF}{EC} = \frac{\sin \gamma}{\sin \beta}$$

所以

$$\frac{AD}{DB} \cdot \frac{BE}{EC} \cdot \frac{CF}{FA} = \frac{AD}{FA} \cdot \frac{BE}{DB} \cdot \frac{CF}{EC}$$

$$= \frac{\sin \beta}{\sin \alpha} \cdot \frac{\sin \alpha}{\sin \gamma} \cdot \frac{\sin \gamma}{\sin \beta} = 1$$

说明 可以证明,Menelaus 定理的逆命题也是正确的. 在平面几何的竞赛题中,常用它们来证明有关三点共线的问题.

例 4 Ceva 定理.

P 是 $\triangle ABC$ 外一定点,直线 PA,PB,PC 依次与 $\triangle ABC$ 的三边 BC,CA,AB 或者它们的延长线相交于 D,E,F,求证

$$\frac{AF}{FB} \cdot \frac{BD}{DC} \cdot \frac{CE}{EA} = 1$$

分析 A,B,F 在一条直线上, 且 AF,FB 分别 $\triangle PAF,\triangle PFB$ 的边,可以用这两个三角形面积之比表示$\frac{AF}{FB}$. 用同样的方法可表示$\frac{BD}{DC},\frac{CE}{EA}$.

证明 如图 5.3,设 $\angle BPF = \alpha$, $\angle APB = \beta$

$$\frac{AF}{FB} = \frac{\frac{1}{2}PA \cdot PF \cdot \sin(\alpha + \beta)}{\frac{1}{2}PB \cdot PF \cdot \sin \alpha} = \frac{PA\sin(\alpha + \beta)}{PB\sin \alpha}$$

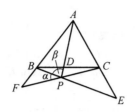

图 5.3

$$\frac{BD}{DC} = \frac{\frac{1}{2}PB \cdot PD \cdot \sin\beta}{\frac{1}{2}PC \cdot PD \cdot \sin[180° - (\alpha + \beta)]}$$

$$= \frac{PB\sin\beta}{PC\sin(\alpha + \beta)}$$

$$\frac{CE}{EA} = \frac{\frac{1}{2}PC \cdot PE \cdot \sin\alpha}{\frac{1}{2}PA \cdot PE \cdot \sin(180° - \beta)} = \frac{PC\sin\alpha}{PA\sin\beta}$$

所以

$$\frac{AF}{FB} \cdot \frac{BD}{DC} \cdot \frac{CE}{EA}$$

$$= \frac{PA\sin(\alpha + \beta)}{PB\sin\alpha} \cdot \frac{PB\sin\beta}{PC\sin(\alpha + \beta)} \cdot \frac{PC\sin\alpha}{PA\sin\beta} = 1$$

说明 可以证明 Ceva 定理的逆命题也是正确的. 在平面几何的竞赛题中,常用它们来论证有关三线共点的问题.

例 5 设 R, r 分别是 $\triangle ABC$ 的外接圆半径和内切圆半径,R', r' 分别是 $\triangle A'B'C'$ 的外接圆半径和内切圆半径, 证明: 若 $\angle C = \angle C'$, 且 $R : R' = r : r'$, 则 $\triangle ABC \backsim \triangle A'B'C'$.

分析 证这两个三角形还有一个对应角相等. 为此,将 $R : R' = r : r'$ 转化为角的三角函数之间的关系式.

证明　由正弦定理得

$$R = \frac{C}{2\sin C}, R' = \frac{C'}{2\sin C'}$$

由 $\angle C = \angle C'$，得

$$R : R' = C : C'$$

再由

$$R : R' = r : r'$$

得

$$C : C' = r : r', C : r = C' : r'$$

由图 5.4 可得

$$r\left(\cot \frac{A}{2} + \cot \frac{B}{2}\right) = C$$

而

$$C : r = \cot \frac{A}{2} + \cot \frac{B}{2}$$

$$C' : r' = \cot \frac{A'}{2} + \cot \frac{B'}{2}$$

所以

$$\cot \frac{A}{2} + \cot \frac{B}{2} = \cos \frac{A'}{2} + \cos \frac{B'}{2}$$

$$\frac{\sin \dfrac{A + B}{2}}{\sin \dfrac{A}{2}\sin \dfrac{B}{2}} = \frac{\sin \dfrac{A' + B'}{2}}{\sin \dfrac{A'}{2}\sin \dfrac{B'}{2}}$$

由 $\angle C = \angle C'$ 得

$$\angle A + \angle B = \angle A' + \angle B'$$

所以

$$\sin \frac{A}{2}\sin \frac{B}{2} = \sin \frac{A'}{2}\sin \frac{B'}{2}$$

$$-\frac{1}{2}\left(\cos\frac{A+B}{2}-\cos\frac{A-B}{2}\right)$$

$$=-\frac{1}{2}\left(\cos\frac{A'+B'}{2}-\cos\frac{A'-B'}{2}\right)$$

$$\cos\frac{A-B}{2}=\cos\frac{A'-B'}{2}$$

又

$$-\frac{\pi}{2}<\frac{A-B}{2}<\frac{\pi}{2},\ -\frac{\pi}{2}<\frac{A'-B'}{2}<\frac{\pi}{2}$$

所以

$$\frac{A-B}{2}=\frac{A'-B'}{2}\text{ 或}\frac{A-B}{2}=\frac{B'-A'}{2}$$

$$A=A'\text{ 或 }A-B',\triangle ABC\backsim\triangle A'B'C'$$

例 6　已知四边形 $ABCD$ 是圆内接四边形,试证明

$$|AB-CD|+|AD-BC|\geqslant 2|AC-BD|$$

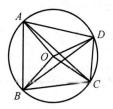

图 5.5

证明　设

$$\angle AOB=2\alpha,\angle BOC=2\beta,\angle COD=2\gamma,\angle DOA=2\delta$$

则

$$\alpha+\beta+\gamma+\delta=\pi$$

由正弦定理,在 $\triangle ABC$ 和 $\triangle BCD$ 中

$$AB=2\sin\alpha,CD=2\sin\gamma$$

$$|AB - CD| = 2|\sin\alpha - \sin\gamma|$$

$$= 4\left|\cos\frac{\alpha+\gamma}{2}\sin\frac{\alpha-\gamma}{2}\right|$$

$$= 4\left|\sin\frac{\beta+\delta}{2}\sin\frac{\alpha-\gamma}{2}\right|$$

$$AC = 2\sin(\gamma + \delta),\ BD = 2\sin(\alpha + \delta)$$

$$|AC - BD| = 2|\sin(\gamma + \delta) - \sin(\alpha + \delta)|$$

$$= 4\left|\cos\frac{\alpha+\gamma+2\delta}{2}\sin\frac{\alpha-\gamma}{2}\right|$$

$$= 4\left|\sin\frac{\beta-\delta}{2}\sin\frac{\alpha-\gamma}{2}\right|$$

不妨设 $\alpha \geqslant \gamma, \beta \geqslant \delta$,则

$$|AB - CD| - |AC - BD|$$

$$= 4\sin\frac{\alpha-\gamma}{2}\left(\sin\frac{\beta+\delta}{2} - \sin\frac{\beta-\delta}{2}\right)$$

$$= 8\sin\frac{\alpha-\gamma}{2}\cos\frac{\beta}{2}\sin\frac{\delta}{2} \geqslant 0$$

$$|AB - CD| \geqslant |AC - BD|$$

同理可证

$$|AD - BC| \geqslant |AC - BD|$$

所以

$$|AB - CD| + |AD - BC| \geqslant 2|AC - BD|$$

当且仅当 $\alpha = \gamma, \beta = \delta$ 时,即 $ABCD$ 是矩形时等号成立.

三角代换是常用的一种换元法,利用三角代换,可将代数问题转化为三角问题.

常用的三角代换有:

1. 若 $x^2 + y^2 = r^2$,可设 $x = r\cos\theta, y = r\sin\theta, \theta \in [0, 2\pi)$.

2. 若 $x^2 + y^2 \leqslant r^2$,可设 $x = k\cos\theta, y = k\sin\theta$,

$|k| \le |r|, \theta \in [0, 2\pi).$

3. 若 $x + y = 1$, 且 $x, y \in \mathbf{R}_+$, 可设 $x = \cos^2\theta, y = \sin^2\theta, \theta \in \left[0, \dfrac{\pi}{2}\right].$

4. 若 $|x| \le 1$, 可设 $x = \cos\theta, \theta \in [0, \pi]$ 或者 $x = \sin\theta, \theta \in \left[-\dfrac{\pi}{2}, \dfrac{\pi}{2}\right].$

5. 若 $|x| \ge 1$, 可设 $x = \sec\theta, x \in \left[0, \dfrac{\pi}{2}\right) \cup \left(\dfrac{\pi}{2}, \pi\right]$ 或者 $x = \csc\theta, x \in \left[-\dfrac{\pi}{2}, 0\right) \cup \left(0, \dfrac{\pi}{2}\right].$

6. 若 $x \in \mathbf{R}$, 可设 $x = \tan\theta, \theta \in \left(-\dfrac{\pi}{2}, \dfrac{\pi}{2}\right).$

7. 若 $x \in \mathbf{R}_+$,, 可设 $x = \tan\theta, \theta \in \left(0, \dfrac{\pi}{2}\right).$

例 7　解方程 $2\sqrt{2}x^2 + x - \sqrt{1 - x^2} - \sqrt{2} = 0.$

分析　由于 $|x| \le 1$, 可设 $x = \sin\theta, \theta \in \left[-\dfrac{\pi}{2}, \dfrac{\pi}{2}\right].$

解　设 $x = \sin\theta, \theta \in \left[-\dfrac{\pi}{2}, \dfrac{\pi}{2}\right]$, 代入原方程, 得

$$2\sqrt{2}\sin^2\theta + \sin\theta - \cos\theta - \sqrt{2} = 0$$

$$\sqrt{2}(\sin^2\theta - \cos^2\theta) + \sin\theta - \cos\theta = 0$$

$$(\sin\theta - \cos\theta)\left[\sqrt{2}(\sin\theta + \cos\theta) + 1\right] = 0$$

$$(\sin\theta - \cos\theta)\left[2\sin\left(\theta + \dfrac{\pi}{4}\right) + 1\right] = 0$$

由 $\sin\theta - \cos\theta = 0$ 及 $\theta \in \left[-\dfrac{\pi}{2}, \dfrac{\pi}{2}\right]$, 得

$$\theta = \dfrac{\pi}{4}, x = \dfrac{\sqrt{2}}{2}$$

由 $\sin\left(\theta + \dfrac{\pi}{4}\right) = -\dfrac{1}{2}$，及 $\theta \in \left[-\dfrac{\pi}{2}, \dfrac{\pi}{2} \right]$ 得

$$\theta = -\frac{5\pi}{12}, x = -\frac{\sqrt{6} + \sqrt{2}}{4}$$

所以原方程的解是 $x = \dfrac{\sqrt{2}}{2}$ 或 $x = -\dfrac{\sqrt{6} + \sqrt{2}}{4}$.

例 8　解方程组

$$\begin{cases} 3\left(x + \dfrac{1}{x}\right) = 4\left(y + \dfrac{1}{y}\right) = 5\left(z + \dfrac{1}{z}\right) & ① \\ xy + yz + zx = 1 & ② \end{cases}$$

解　由 ① 知 x, y, z 同号,不妨先考虑它们都是正数的情形.

令

$$x = \tan\frac{\alpha}{2}, y = \tan\frac{\beta}{2}, z = \tan\frac{\gamma}{2} \quad (\alpha, \beta, \gamma \in (0, \pi))$$

由于

$$\tan\frac{\theta}{2} + \cot\frac{\theta}{2} = \frac{\sin\dfrac{\theta}{2}}{\cos\dfrac{\theta}{2}} + \frac{\cos\dfrac{\theta}{2}}{\sin\dfrac{\theta}{2}}$$

$$= \frac{1}{\sin\dfrac{\theta}{2}\cos\dfrac{\theta}{2}} = \frac{2}{\sin\theta}$$

所以式 ① 就是

$$\frac{3}{\sin\alpha} = \frac{4}{\sin\beta} = \frac{5}{\sin\gamma}$$

式 ② 就是

$$\tan\frac{\alpha}{2}\tan\frac{\beta}{2} + \tan\frac{\beta}{2}\tan\frac{\gamma}{2} + \tan\frac{\gamma}{2}\tan\frac{\alpha}{2} = 1$$

变形为

$$\tan\frac{\gamma}{2}\left(\tan\frac{\alpha}{2} + \tan\frac{\beta}{2}\right) = 1 - \tan\frac{\alpha}{2}\tan\frac{\beta}{2}$$

$$\tan\frac{\gamma}{2} = \frac{1 - \tan\frac{\alpha}{2}\tan\frac{\beta}{2}}{\tan\frac{\alpha}{2} + \tan\frac{\beta}{2}} = \cot\left(\frac{\alpha}{2} + \frac{\beta}{2}\right)$$

$$= \tan\left(\frac{\pi}{2} - \frac{\alpha + \beta}{2}\right)$$

因为

$$\frac{\gamma}{2} \in \left(0, \frac{\pi}{2}\right), \left(\frac{\pi}{2} - \frac{\alpha + \beta}{2}\right) \in \left(0, \frac{\pi}{2}\right)$$

所以

$$\frac{\gamma}{2} = \frac{\pi}{2} - \frac{\alpha + \beta}{2}$$

$$\alpha + \beta + \gamma = \pi$$

α, β, γ 是某个三角形的三个内角,且它的三边之比为 $3 : 4 : 5$,由此可知

$$\sin\gamma = 1, \sin\alpha = \frac{3}{5}, \sin\beta = \frac{4}{5}$$

从而

$$x = \tan\frac{\alpha}{2} = \frac{1}{3}, y = \tan\frac{\beta}{2} = \frac{1}{2}, z = \tan\frac{\gamma}{2} = 1$$

当 x, y, z 都是负数时,用同样的方法可求得

$$x = -\frac{1}{3}, y = -\frac{1}{2}, z = -1$$

即原方程组的解是

$$\begin{cases} x = \dfrac{1}{3} \\ y = \dfrac{1}{2} \\ z = 1 \end{cases}, \begin{cases} x = -\dfrac{1}{3} \\ y = -\dfrac{1}{2} \\ z = -1 \end{cases}$$

例 9 设 $xy + yz + zx = 1$,求证

$$x(1 - y^2)(1 - z^2) + y(1 - z^2)(1 - x^2) +$$
$$z(1 - x^2)(1 - y^2) = 4xyz$$

证明 设 $x = \tan \alpha, y = \tan \beta, z = \tan \gamma, \alpha, \beta, \gamma \in \left(-\dfrac{\pi}{2}, \dfrac{\pi}{2}\right)$,由

$$xy + yz + zx = 1$$

得

$$\tan \alpha \tan \beta + \tan \beta \tan \gamma + \tan \gamma \tan \alpha = 1$$

$$\alpha + \beta + \gamma = \pm \frac{\pi}{2}$$

$$2\alpha + 2\beta = \pm \pi - 2\gamma$$

$$\frac{\tan 2\alpha + \tan 2\beta}{1 - \tan 2\alpha \tan 2\beta} = -\tan 2\gamma$$

$$\tan 2\alpha + \tan 2\beta + \tan 2\gamma = \tan 2\alpha \cdot \tan 2\beta \cdot \tan 2\gamma$$

$$\frac{2\tan \alpha}{1 - \tan^2 \alpha} + \frac{2\tan \beta}{1 - \tan^2 \beta} + \frac{2\tan \gamma}{1 - \tan^2 \gamma}$$
$$= \frac{2\tan \alpha}{1 - \tan^2 \alpha} \cdot \frac{2\tan \beta}{1 - \tan^2 \beta} \cdot \frac{2\tan \gamma}{1 - \tan^2 \gamma}$$

即

$$\frac{2x}{1 - x^2} + \frac{2y}{1 - y^2} + \frac{2z}{1 - z^2}$$
$$= \frac{2x}{1 - x^2} \cdot \frac{2y}{1 - y^2} \cdot \frac{2z}{1 - z^2}$$

两边同乘以 $(1 - x^2)(1 - y^2)(1 - z^2)$,得

$$x(1 - y^2)(1 - z^2) + y(1 - z^2)(1 - x^2) +$$
$$z(1 - x^2)(1 - y^2) = 4xyz$$

例 10 设 $a, b, x, y \in \mathbf{R}_+$,且 $x + y = 1$,求证

$$\frac{a}{x} + \frac{b}{y} \geqslant (\sqrt{a} + \sqrt{b})^2$$

证明　由 $x,y \in \mathbf{R}_+$,且 $x + y = 1$,可设

$$x = \cos^2\theta, y = \sin^2\theta \quad \left(\theta \in \left(0, \frac{\pi}{2}\right)\right)$$

$$\begin{aligned}
\frac{a}{x} + \frac{b}{y} &= \frac{a}{\cos^2\theta} + \frac{b}{\sin^2\theta} \\
&= \frac{a(\sin^2\theta + \cos^2\theta)}{\cos^2\theta} + \frac{b(\sin^2\theta + \cos^2\theta)}{\sin^2\theta} \\
&= a + b + a\tan^2\theta + b\cot^2\theta \\
&\geqslant a + b + 2\sqrt{ab} \\
&= (\sqrt{a} + \sqrt{b})^2
\end{aligned}$$

当且仅当 $a\tan^2\theta = b\cot^2\theta$ 时,即 $\tan^2\theta = \sqrt{\dfrac{b}{a}}$ 时等号成立,此时

$$x = \frac{\sqrt{a}}{\sqrt{a} + \sqrt{b}}, y = \frac{\sqrt{b}}{\sqrt{a} + \sqrt{b}}$$

例 11　求 $y = \dfrac{x - x^3}{1 + 2x^2 + x^4}$ 的最大、最小值.

分析　函数的解析可变形为

$$y = \frac{x(1 - x^2)}{(1 + x^2)^2} = \frac{x}{1 + x^2} \cdot \frac{1 - x^2}{1 + x^2}$$

解　设 $x = \tan\theta, \theta \in \left(-\dfrac{\pi}{2}, \dfrac{\pi}{2}\right)$,则

$$\begin{aligned}
y &= \frac{\tan\theta}{1 + \tan^2\theta} \cdot \frac{1 - \tan^2\theta}{1 + \tan^2\theta} \\
&= \frac{1}{2}\sin 2\theta \cdot \cos 2\theta \\
&= \frac{1}{4}\sin 4\theta
\end{aligned}$$

当 $\sin 4\theta = 1$ 时,$y_{\max} = \dfrac{1}{4}$;当 $\sin 4\theta = -1$ 时,$y_{\min} =$

$-\dfrac{1}{4}.$

例 12 设 $x^2 + xy + y^2 = 19$，求 $x^2 + y^2$ 的最大值和最小值.

解 设 $x = r\cos\theta, y = r\sin\theta, \theta \in [0, 2\pi), r > 0.$
则

$$x^2 + xy + y^2 = r^2(\cos^2\theta + \cos\theta\sin\theta + \sin^2\theta)$$
$$= r^2\Big(1 + \frac{1}{2}\sin 2\theta\Big) = 19$$

所以

$$x^2 + y^2 = r^2 = \cfrac{19}{1 + \cfrac{1}{2}\sin 2\theta}$$

当 $\sin 2\theta = 1$，即 $x = y = \pm\dfrac{\sqrt{57}}{3}$ 时，$(x^2 + y^2)_{\min} = \dfrac{38}{3}$；当 $\sin 2\theta = -1$，即 $x = \sqrt{19}, y = -\sqrt{19}$ 或 $x = -\sqrt{19}, y = \sqrt{19}$ 时 $(x^2 + y^2)_{\max} = 38.$

例 13 设 a, b, c 是正实数，且满足 $abc + a + c = b$，试确定 $p = \dfrac{2}{a^2 + 1} - \dfrac{2}{b^2 + 1} + \dfrac{3}{c^2 + 1}$ 的最大值.

解 设 $a = \tan\alpha, b = \tan\beta, c = \tan\gamma, \alpha, \beta, \gamma \in \Big(0, \dfrac{\pi}{2}\Big).$ 由 $abc + a + c = b$，得

$$b = \frac{a + c}{1 - ac}$$

即

$$\tan\beta = \frac{\tan\alpha + \tan\gamma}{1 - \tan\alpha\tan\gamma} = \tan(\alpha + \gamma)$$
$$\beta, \alpha + \gamma \in (0, \pi)$$

所以 $\beta = \alpha + \gamma$

$$p = \frac{2}{1+\tan^2\alpha} - \frac{2}{1+\tan^2\beta} + \frac{3}{1+\tan^2\gamma}$$

$$= 2\cos^2\alpha - 2\cos^2(\alpha+\gamma) + 3\cos^2\gamma$$

$$= (1+\cos 2\alpha) - [1+\cos 2(\alpha+\gamma)] + 3\cos^2\gamma$$

$$= \cos 2\alpha - \cos 2(\alpha+\gamma) + 3\cos^2\gamma$$

$$= 2\sin(2\alpha+\gamma)\sin\gamma + 3\cos^2\gamma$$

$$\leqslant 2\sin\gamma + 3 - 3\sin^2\gamma$$

$$= -3\left(\sin\gamma - \frac{1}{3}\right)^2 + \frac{10}{3} \leqslant \frac{10}{3}$$

当且仅当 $2\alpha+\gamma = \dfrac{\pi}{2}$，$\sin\gamma = \dfrac{1}{3}$，即 $a = \dfrac{\sqrt{2}}{2}$，$b=\sqrt{2}$，$c=\dfrac{\sqrt{2}}{4}$ 时等号成立，所以 $P_{\max} = \dfrac{10}{3}$.

例14　已知正数 x,y,z 满足方程组

$$\begin{cases} x^2 + xy + \dfrac{y^2}{3} = 25 \\ \dfrac{y^2}{3} + z^2 = 9 \\ z^2 + xz + x^2 = 16 \end{cases}$$

求 $xy + 2yz + 3zx$ 的值.

解　原方程组等价于

$$\begin{cases} x^2 - 2x\cdot\dfrac{y}{\sqrt{3}}\cos 150° + \left(\dfrac{y}{\sqrt{3}}\right)^2 = 5^2 \\ \left(\dfrac{y}{\sqrt{3}}\right)^2 + z^2 = 3^2 \\ z^2 - 2xz\cos 120° + x^2 = 4^2 \end{cases}$$

如图 5.6，构造 $\mathrm{Rt}\triangle ABC$，$AC=3$，$BC=4$，$AB=5$，设 O 是 $\mathrm{Rt}\triangle ABC$ 内一点，且

$$\angle AOB = 150° , \angle BOC = 120° , \angle COA = 90°$$

则

$$OA = \frac{y}{\sqrt{3}} , OB = x , OC = z$$

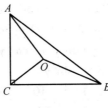

图 5.6

由

$$S_{\triangle AOB} + S_{\triangle BOC} + S_{\triangle COA} = S_{\triangle ABC}$$

得

$$\frac{1}{2} \cdot \frac{y}{\sqrt{3}} \cdot x\sin 150° + \frac{1}{2}xz\sin 120° + \frac{1}{2}z\frac{y}{\sqrt{3}}$$

$$= \frac{1}{2} \times 3 \times 4$$

即

$$\frac{1}{4\sqrt{3}} + \frac{1}{2\sqrt{3}}yz + \frac{\sqrt{3}}{4}zx = 6$$

所以

$$xy + 2yz + 3zx = 24\sqrt{3}$$

练 习 5

1. 已知 P 是等边 $\triangle ABC$ 的外接圆 $\overset{\frown}{BC}$ 上的任意一点

(1) 求证:$PA = PB + PC, PA^2 = BC^2 + PB \cdot PC$;

(2) 求 $S_{\triangle PAB} + S_{\triangle PBC}$ 的最大值.

2. 等腰三角形的底边长为 a,腰长为 b,顶角为 $20°$,求证:$a^3 + b^3 = 3ab^2$.

3. 在正方形 $ABCD$ 的内部取一点 E,使 $\angle EAD = \angle EDA = 15°$,试证明 $\triangle EBC$ 是等边三角形.

4. 在 $\triangle ABC$ 中,$AC = b, AB = c, \angle BAC = \alpha$,试用 b, c, α 表示角 A 的平分线 AT 的长.

5. 在等腰 $\triangle ABC$ 中,顶角 $A = 100°$,角 B 的平分线交 AC 于 D,求证:$AD + BD = BC$.

6. 在 $\triangle ABC$ 和 $\triangle A'B'C'$ 中,$\angle B = \angle B', \angle A + \angle A' = 180°$,求证:$aa' = bb' + cc'$.

7. 已知 $\triangle ABC$ 是等腰直角三角形,$\angle ACB = 90°, D$ 是 BC 的中点,$CE \perp AD$ 交 AB 于 E,交 AD 于 F,求证 $\angle ADC = \angle BDE$.

8. 在锐角 $\triangle ABC$ 中,已知垂心为 H,求证 $a \cdot BH \cdot CH + b \cdot CH \cdot AH + c \cdot AH \cdot BH = abc$.

9. 过等边三角形的中心作一条任意直线,求证该三角形的三个顶点到这条直线的距离的平方和为定值.

10. $\triangle ABC$ 是等腰三角形,$AB = AC$,如果:

(1)M 是 BC 的中点,O 在直线 AM 上,使得 $OB \perp AB$.

(2)Q 是线段 BC 上不同于 B,C 的任意一点.

(3)E 在直线 AB 上,F 在直线 AC 上,使得 E,Q,F 是不同的和共线的.

求证:$OQ \perp EF$ 当且仅当 $QE = QF$.

11. 已知 $a_1^2 + b_1^2 = 1, a_2^2 + b_2^2 = 1, a_1a_2 + b_1b_2 = 0$,

求证

$$a_1^2 + a_2^2 = 1, b_1^2 + b_2^2 = 1, a_1b_1 + a_2b_2 = 0$$

12. 求方程 $x + \dfrac{x}{\sqrt{x^2 - 1}} = \dfrac{35}{12}$ 的实数根.

13. 解方程组

$$\begin{cases} \sqrt{x(1-y)} + \sqrt{y(1-x)} = 1 \\ \sqrt{xy} + \sqrt{(1-x)(1-y)} = 1 \end{cases}$$

14. 求满足下列等式的实数 x, y, z

$$(1 + x^2)(1 + y^2)(1 + z^2) = 4xy(1 - z^2)$$

15. 已知实数 x, y 满足 $x^2 + y^2 - 8x + 6y + 21 \leqslant 0$, 求证:$2\sqrt{3} \leqslant \sqrt{x^2 + y^2 + 3} \leqslant 2\sqrt{13}$.

16. 求证 $-\sqrt{3} < \dfrac{\sqrt{3}x + 1}{\sqrt{x^2 + 1}} \leqslant 2$.

17. 求函数 $y = x + 4 + \sqrt{5 - x^2}$ 的最大、最小值.

18. 已知函数 $f(x) = ax + b, x \in [-1, 1]$,且 $2a^2 + 6b^2 = 3$,求证:$|f(x)| \leqslant \sqrt{2}$.

19. 任给 3 个不同的实数,求证至少存在两个,不妨设为 x 和 y,满足

$$0 < \frac{x - y}{1 + xy} \leqslant \sqrt{\frac{2 - \sqrt{3}}{2 + \sqrt{3}}}$$

20. 已知 $a, b, c, d \in \mathbf{R}_+$,且满足

$$\frac{a^2}{1 + a^2} + \frac{b^2}{1 + b^2} + \frac{c^2}{1 + c^2} + \frac{d^2}{1 + d^2} = 1$$

求证:$abcd \leqslant \dfrac{1}{9}$.

答案或提示

附 录

练习1.1

1. $\alpha = (2k + 1)\pi + \beta (k \in \mathbf{Z})$; $\alpha = 2k\pi - \beta (k \in \mathbf{Z})$; $\alpha = (2k + 1)\pi - \beta (k \in \mathbf{Z})$.

2. $\theta = 2k\pi + \dfrac{2\pi}{3}$, $\dfrac{\theta}{4} = \dfrac{k\pi}{2} + \dfrac{\pi}{6} (k \in \mathbf{Z})$, 又 $\dfrac{\theta}{4} \in [0, 2\pi)$, 故所求集合为 $\left\{ \dfrac{\pi}{6}, \dfrac{2\pi}{3}, \dfrac{7\pi}{6}, \dfrac{5\pi}{3} \right\}$.

3. $0 < \theta < \pi$, $0 < 2\theta < 2\pi$, 因为 2θ 在第三象限, 故 $\pi < 2\theta < \dfrac{3\pi}{2}$, $\dfrac{\pi}{2} < \theta < \dfrac{3\pi}{4}$. 又 $14\theta = 2k\pi$, 即 $\theta = \dfrac{k\pi}{7} (k \in \mathbf{Z})$, 所以 $\theta = \dfrac{4\pi}{7}$ 或 $\theta = \dfrac{5\pi}{7}$.

4. $\theta = \dfrac{3\pi}{10}$，弧长 $l = 15 \cdot \dfrac{3\pi}{10} = \dfrac{9\pi}{2}$（cm）．周长 $= 30 + \dfrac{9\pi}{2}$（cm），面积 $S = \dfrac{1}{2} \cdot \dfrac{9\pi}{2} \cdot 15 = \dfrac{135\pi}{4}$（cm²）．

5. B B C D A B B D

6. （1） $-\dfrac{\pi}{12} + k\pi < x < \dfrac{3\pi}{4} + k\pi \, (k \in \mathbf{Z})$；

（2） $-\dfrac{\pi}{2} + 2k\pi \leqslant x \leqslant \pi + 2k\pi \, (k \in \mathbf{Z})$；（3） $-\dfrac{\pi}{4} + k\pi < x < \dfrac{\pi}{4} + k\pi \, (k \in \mathbf{Z})$．

7. x 为第四象限角．

8. $\dfrac{3}{2}$．

9. 原式 $= |\sin \alpha - \cos \alpha| + |\sin \alpha + \cos \alpha|$

$$= \begin{cases} \cos \alpha - \sin \alpha + \sin \alpha + \cos \alpha = 2\cos \alpha & \left(\alpha \in \left(0, \dfrac{\pi}{4}\right]\right) \\ \sin \alpha - \cos \alpha + \sin \alpha + \cos \alpha = 2\sin \alpha & \left(\alpha \in \left(\dfrac{\pi}{4}, \dfrac{3\pi}{4}\right)\right) \\ \sin \alpha - \cos \alpha - (\sin \alpha + \cos \alpha) = -2\cos \alpha & \left(\alpha \in \left[\dfrac{3\pi}{4}, \pi\right)\right) \end{cases}$$

10. （略）．

11. （1） $-\dfrac{7}{5}$；（2） $-\dfrac{4}{3}$．

12. 由 $\cos(\alpha + \beta) = -1$ 得 $\alpha + \beta = 2k\pi + \pi \, (k \in \mathbf{Z})$，$\alpha = 2k\pi + \pi - \beta \, (k \in \mathbf{Z})$，所以 $\sin \alpha = \sin \beta$，$\sin(2\alpha + \beta) + \sin \beta = \sin[(\alpha + \beta) + \alpha] + \sin \beta = \sin(2k\pi + \pi + \alpha) + \sin \beta = -\sin \alpha + \sin \beta = 0$．

13. 由 $\cos \theta - \sin \theta = \sqrt{2} \sin \theta$ 得 $\cos \theta = (\sqrt{2} + 1)\sin \theta$，即 $\cos \theta = \dfrac{\sin \theta}{\sqrt{2} - 1}$，所以 $(\sqrt{2} - 1)\cos \theta = \sin \theta$，

即 $\cos\theta + \sin\theta = \sqrt{2}\cos\theta$.

14. 由 $\tan\theta = \dfrac{\sin x - \cos x}{\sin x + \cos x}$ 得

$$\frac{\sin^2\theta}{\cos^2\theta} = \frac{(\sin x - \cos x)^2}{(\sin x + \cos x)^2}$$

$$\frac{\sin^2\theta}{\sin^2\theta + \cos^2\theta} = \frac{(\sin x - \cos x)^2}{(\sin x - \cos x)^2 + (\sin x + \cos x)^2}$$

即

$$2\sin^2\theta = (\sin x - \cos x)^2$$

所以

$$\sqrt{2}\sin\theta = \pm(\sin x - \cos x)$$

15. 当 k 为奇数时，原式 $= \dfrac{\sin 10°(-\cos 10°)}{\sin 80°\cos 80°} = -1$；当 k 为偶数时，原式 $= \dfrac{-\sin 10°\cos 10°}{-\sin 80°(-\cos 80°)} = -1$.

练习 1.2

1. (1) $-\dfrac{\sqrt{6}+\sqrt{2}}{4}$；$(2)$ $-\dfrac{\sqrt{2}}{2}$；(3) $-\dfrac{\sqrt{3}}{3}$；$(4)1$；$(5)2-\sqrt{3}$；$(6)2$.

2. (1) $\dfrac{1}{4}\sin 2\alpha$；$(2)\tan^2\dfrac{\theta}{2}$；$(3)0$；$(4)2\tan 2\alpha$；$(5)$ $\dfrac{1}{4}\sin 4A$；(6) $\sqrt{2}\sin\left(x + \dfrac{5\pi}{12}\right)$.

3. $(1)2-\sqrt{5}$；$(2)\dfrac{119}{169}$；(3) $-\dfrac{24}{25}$；(4) $-2\sin\dfrac{\theta}{2}$.

4. （略）.

5. $\sin 2\alpha = \sin[(\alpha + \beta) + (\alpha - \beta)] = -\dfrac{56}{65}$.

6. $-\dfrac{\pi}{2} < \alpha - \beta < 0, \cos(\alpha - \beta) = \dfrac{3}{\sqrt{10}}, \sin(\alpha -$

$\beta) = -\dfrac{1}{\sqrt{10}}, \cos\beta = \cos[\alpha - (\alpha - \beta)] = \cos\alpha\cos(\alpha -$

$\beta) + \sin\alpha\sin(\alpha - \beta) = \dfrac{9}{50}\sqrt{10}.$

7. 由 $\tan 2\theta = -2\sqrt{2}$ 及 $\dfrac{\pi}{4} < \theta < \dfrac{\pi}{2}$ 得 $\tan\theta = \sqrt{2}.$

原式 $= \dfrac{\cos\theta - \sin\theta}{\cos\theta + \sin\theta} = \dfrac{1 - \tan\theta}{1 + \tan\theta} = \dfrac{1 - \sqrt{2}}{1 + \sqrt{2}} = 2\sqrt{2} - 3.$

8. 原式 $= \dfrac{2\sin\alpha\cos\alpha + 2\sin^2\alpha}{\dfrac{\cos\alpha - \sin\alpha}{\cos\alpha}}$

$= \dfrac{2\sin\alpha\cos\alpha(\sin\alpha + \cos\alpha)}{\cos\alpha - \sin\alpha}$

$\cos\alpha - \sin\alpha = -\dfrac{\sqrt{10}}{5}$

所以 $2\sin\alpha\cos\alpha = \dfrac{3}{5}, (\sin\alpha + \cos\alpha)^2 = \dfrac{8}{5}.$ 又 $0 <$

$\alpha < \dfrac{\pi}{2}$, 故 $\sin\alpha + \cos\alpha = \dfrac{2\sqrt{10}}{5}$, 所以原式 $= -\dfrac{6}{5}.$

9. $\dfrac{k-3}{2} = 1, k = 5$, 即 $\tan\theta + \cot\theta = 5$, 所以

$\sin\theta\cos\theta = \dfrac{1}{5}.$ $(\cos\theta - \sin\theta)^2 = \dfrac{3}{5}, \theta \in \left(\pi, \dfrac{5\pi}{4}\right),$

$\cos\theta - \sin\theta = -\dfrac{1}{5}\sqrt{15}.$

10. $\tan\theta + \tan\left(\dfrac{\pi}{4} - \theta\right) = -p$

$\tan\theta + \tan\left(\dfrac{\pi}{4} - \theta\right) = q$

所以

$$\tan\left[\theta + \left(\frac{\pi}{4} - \theta\right)\right] = \frac{-p}{1 - q}$$

即

$$\frac{-p}{1 - q} = 1, p - q + 1 = 0 \qquad ①$$

又设方程两个根分别为 3α 和 2α,于是有 $3\alpha + 2\alpha = -p$,$3\alpha \cdot 2\alpha = q$,由此二式消去 α 得

$$6p^2 = 25q \qquad ②$$

由 ①,② 得 $p = 5, q = 6$ 或者 $p = -\frac{5}{6}, q = \frac{1}{6}$.

11. 由已知条件得 $3\sin^2\alpha = \cos 2\beta$ 及 $3\sin\alpha\cos\alpha = \sin 2\beta$. 由此二式消去 β 得 $\sin\alpha = \frac{1}{3}$,从而 $\sin(\alpha + 2\beta) = 1$,又 $0 < \alpha + 2\beta < \frac{3\pi}{2}$,所以 $\alpha + 2\beta = \frac{\pi}{2}$.

12. 两式平方后相加得 $2 + 2\cos(\alpha - \beta) = \frac{25}{36}$,所以 $\cos(\alpha - \beta) = -\frac{47}{72}$.

13. 将已知条件变形为 $\sin A + \sin B = -\sin C$, $\cos A + \cos B = -\cos C$,再将两式平方后相加,得 $2 + 2\cos(A - B) = 1$,所以 $\cos(A - B) = -\frac{1}{2}$.

14. 解这个方程得两个根为 $x_1 = \sin 25°, x_2 = \sin 65°$,由 $0° < \alpha < \beta < 90°$ 得 $\alpha = 25°, \beta = 65°$.

15. 由 $\cos\alpha + \cos\beta = 0$ 得 $\cos\alpha = -\cos\beta$,故 $\sin\alpha = \pm\sin\beta$. 但 $\sin\beta + \sin\beta = 1$,所以 $\sin\alpha = \sin\beta = \frac{1}{2}, \cos 2\alpha + \cos 2\beta = 1$.

16. $3\sin x + \sin 3x = 2\sin x + \sin x + \sin 3x = 2\sin x + 2\sin 2x \cos x = 2\sin x(1 + 2\cos^2 x)$，$3\cos x + \cos 3x = 2\cos x + \cos x + \cos 3x = 2\cos x + 2\cos 2x \cos x = 2\cos x(1 + \cos 2x) = 4\cos^3 x$，所以

$$原式 = \frac{2\sin x(1 + 2\cos^2 x)}{4\cos^3 x} = \frac{1}{2}\tan x \cdot \frac{\sin^2 x + 3\cos^2 x}{\cos^2 x}$$

$$= \frac{1}{2}\tan x(\tan^2 x + 3) = \frac{1}{2}a(a^2 + 3)$$

17. 将 $\sin \alpha + \sin \beta$，$\cos \alpha + \cos \beta$ 分别化积，再相除得 $\tan \dfrac{\alpha + \beta}{2} = \dfrac{3}{4}$，所以 $\tan(\alpha + \beta) = \dfrac{27}{7}$.

18.（略）.

19. 由 $\sin A + \sin 3A + \sin 5A = a$ 得

$$(1 + 2\cos 2A)\sin 3A - a \qquad\qquad ①$$

由 $\cos A + \cos 3A + \cos 5A = b$，得

$$(1 + 2\cos 2A)\cos 3A = b \qquad\qquad ②$$

所以当 $b \neq 0$ 时，$\tan 3A = \dfrac{a}{b}$.

$①^2 + ②^2$ 得 $(1 + 2\cos 2A)^2 = a^2 + b^2$.

20. 由已知条件得

$$\frac{\sin^2 x}{\sin^2 \alpha} = 1 - \frac{\tan(\alpha - \beta)}{\tan \alpha}$$

$$\sin^2 x = \sin^2 \alpha - \sin \alpha \cos \alpha \tan(\alpha - \beta)$$

从而

$$\cos^2 x = \cos^2 \alpha + \sin \alpha \cos \alpha \tan(\alpha - \beta)$$

所以

$$\tan^2 x = \frac{\sin^2 x}{\cos^2 x} = \frac{\sin^2 \alpha - \sin \alpha \cos \alpha \tan(\alpha - \beta)}{\cos^2 \alpha + \sin \alpha \cos \alpha \tan(\alpha - \beta)}$$

$$= \tan \alpha \cdot \frac{\sin \alpha - \cos \alpha \tan(\alpha - \beta)}{\cos \alpha + \sin \alpha \tan(\alpha - \beta)}$$

$$= \tan \alpha \cdot \frac{\tan \alpha - \tan(\alpha - \beta)}{1 + \tan \alpha \tan(\alpha - \beta)}$$

$$= \tan \alpha \cdot \tan[\alpha - (\alpha - \beta)] = \tan \alpha \tan \beta$$

练习2

1. D A C D B D B D C B

2. (1) $\left[k\pi - \frac{\pi}{12}, k\pi + \frac{\pi}{4} \right]$ $(k \in \mathbf{Z})$；(2) $[0, \sqrt{3}]$；

(3) $\frac{\pi}{2}$；(4) $x = \frac{k\pi}{2} + \frac{\pi}{12}(k \in \mathbf{Z})$；(5) $\left(k\pi - \frac{\pi}{3}, 0 \right)$

$(k \in \mathbf{Z})$；(6)①②；(7)②③；(8)①③⇒②，④ 和②，

③⇒①，④；(9) $-\frac{3}{4}$；(10) $\frac{3}{2}$.

3. (略).

4. (1) $f(x) = \frac{1}{2}\sin 2x + \frac{\sqrt{3}}{2}\cos 2x = \sin\left(2x + \frac{\pi}{3} \right)$.

(2) 当 $x \in \left[0, \frac{\pi}{2} \right]$ 时，$\left(2x + \frac{\pi}{3} \right) \in \left[\frac{\pi}{3}, \frac{4\pi}{3} \right]$，

$\sin\left(2x + \frac{\pi}{3} \right) \subset \left[-\frac{\sqrt{3}}{2}, 1 \right]$.

(3) $\sin\left(2x + \frac{\pi}{3} \right) = \cos\left[\left(2x + \frac{\pi}{3} \right) - \frac{\pi}{2} \right]$

$$= \cos\left(x - \frac{\pi}{12} \right)$$

将 $y = \cos x$ 的图象向右平移 $\frac{\pi}{12}$ 个单位，就得到 $f(x)$ 的

图象.

5. $y_1 + y_2 = \frac{7}{2}\sin 2x + \frac{\sqrt{3}}{2}\cos 2x$. 振幅 $A =$

$$\sqrt{\left(\frac{7}{2}\right)^2 + \left(\frac{\sqrt{3}}{2}\right)^2} = \sqrt{13}.$$

6. $y = 2\cos^2 x - m\sin x + 1 = -2\sin^2 x - m\sin x + 3 = -2\left(\sin x + \frac{m}{4}\right)^2 + \frac{m^2}{8} + 3.$ 若 $\left|-\frac{m}{4}\right| \leqslant 1$, 而 $-4 \leqslant m \leqslant 4$, 则当 $\sin x = -\frac{m}{4}$ 时, $y_{\max} = \frac{m^2}{8} + 3. \frac{m^2}{8} + 3 = 11$, 得 $m = \pm 8$(舍去); 若 $-\frac{m}{4} < -1$, 即 $m > 4$, 则 $\sin x = -1$ 时, $y_{\max} = 1 + m$, 令 $1 + m = 11$ 得 $m = 10$, 若 $-\frac{m}{4} > 1$, 即 $m < -4$, 则 $\sin x = 1$ 时, $y_{\max} = 1 - m$, 令 $1 - m = 11$ 得 $m = -10.$ 所以 $m = \pm 10$.

7. $f(x) = -2a\sin\left(2x + \frac{\pi}{6}\right) + 2a + b.$ 当 $x \in \left[0, \frac{\pi}{2}\right]$ 时, $\left(2x + \frac{\pi}{6}\right) \in \left[\frac{\pi}{6}, \frac{7\pi}{6}\right]$, $\sin\left(2x + \frac{\pi}{6}\right) \in \left[-\frac{1}{2}, 1\right]$.

当 $a > 0$ 时, 由 $3a + b = 1$, 及 $b = -5$ 得 $a = 2$, $b = -5$.

当 $a < 0$ 时, 由 $b = 1$ 及 $3a + b = -5$ 得 $a = -2$, $b = 1$.

8. (1) $\left[-4, \frac{2}{3}\right]$; (2) $\left[\frac{4 - \sqrt{7}}{3}, \frac{4 + \sqrt{7}}{3}\right]$; (3) $y = \frac{\cos^3 2x}{\cos^2 2x} + \sin 2x = \sqrt{2}\sin\left(x + \frac{\pi}{4}\right)$, 所以 $y \in \left[-\sqrt{2}, \sqrt{2}\right]$.

9. 设 $\sin x + \cos x = t$, 则 $\sin x\cos x = \frac{t^2 - 1}{2}$, $y = $

$\dfrac{t-1}{2}$. 由 $x \in (0,\pi)$ 得 $t = \sin x + \cos x = \sqrt{2}\sin\left(x + \dfrac{\pi}{4}\right) \in (-1,\sqrt{2}\,]$，所以 $y \in \left(-1,\dfrac{\sqrt{2}-1}{2}\right]$.

10. 设 $\angle AOB = x, x \in (0,\pi)$，则 $S_{\triangle AOB} = \sin x$，

$AB^2 = 5 - 4\cos x, S_{\triangle ABC} = \dfrac{\sqrt{3}}{4}AB^2 = \dfrac{5\sqrt{3}}{4} - \sqrt{3}\cos x$.

$S_{OACB} = S_{\triangle AOB} + S_{\triangle ABC} = \sin x - \sqrt{3}\cos x + \dfrac{5\sqrt{3}}{4} =$

$2\sin\left(x - \dfrac{\pi}{3}\right) + \dfrac{5\sqrt{3}}{4}$. 所以当 $x = \dfrac{5\pi}{6}$ 时，S_{OACB} 有最大值

$2 + \dfrac{5\sqrt{3}}{4}$.

11. 由 $3\sin^2\alpha + 2\sin^2\beta = 5\sin\alpha$ 得

$$\sin^2\beta = \dfrac{5}{2}\sin\alpha - \dfrac{3}{2}\sin^2\alpha$$

所以

$$\cos^2\alpha + \cos^2\beta = 2 - \sin^2\alpha - \sin^2\beta$$

$$= \dfrac{1}{2}(\sin^2\alpha - 5\sin\alpha) + 2$$

由 $0 \leqslant \sin^2\beta \leqslant 1$ 得

$$\begin{cases} \dfrac{5}{2}\sin\alpha - \dfrac{3}{2}\sin^2\alpha \geqslant 0 \\ \dfrac{5}{2}\sin\alpha - \dfrac{3}{2}\sin^2\alpha \leqslant 1 \\ -1 \leqslant \sin\alpha \leqslant 1 \end{cases}$$

所以 $0 \leqslant \sin\alpha \leqslant \dfrac{2}{3}$ 或 $\sin\alpha = 1$. 当 $\sin\alpha = 0$ 时，$\cos^2\alpha + \cos^2\beta$ 有最大值2，当 $\sin\alpha = 1$ 时，$\cos^2\alpha + \cos^2\beta$

有最小值 0.

12. 由 $f(0) = f\left(\dfrac{\pi}{2}\right) = 1$ 得 $a + b = a + c = 1, b = c = 1 - a, f(x) = a + \sqrt{2}(1 - a)\sin\left(x + \dfrac{\pi}{4}\right)$. 由 $x \in \left[0, \dfrac{\pi}{2}\right]$ 得 $\sin\left(x + \dfrac{\pi}{4}\right) \in \left[\dfrac{\sqrt{2}}{2}, 1\right]$. 当 $a = 1$ 时,$f(x) = 1$ 满足 $|f(x)| \leqslant 2$;当 $a < 1$ 时,$f(x) \in [1, a + \sqrt{2}(1 - a)]$. 令 $a + \sqrt{2}(1 - a) \leqslant 2$ 得 $a \geqslant -\sqrt{2}$.

当 $a < 1$ 时,$f(x) \in [a + \sqrt{2}(1 - a), 1]$,令 $a + \sqrt{2}(1 - a) \geqslant -2$ 得 $a \leqslant 4 + 3\sqrt{2}$. 综上所述,$a \in [-\sqrt{2}, 4 + 3\sqrt{2}]$.

13. 设 $X = \sin x, f(X) = X^2 - 2aX + 3a, X \in [-1, 1]$,原方程有实根等价于 $f(X)$ 的图象与 X 轴在 $[-1, 1]$ 内有交点,所以

$$f(-1) \cdot f(1) \leqslant 0 \text{ 或 } \begin{cases} f(-1) \geqslant 0 \\ f(1) \geqslant 0 \\ (-2a)^2 - 4 \cdot 1 \cdot 3a \geqslant 0 \\ -1 \leqslant a \leqslant 1 \end{cases}$$

解不等式或不等式组得 $-1 \leqslant a \leqslant -\dfrac{1}{5}$ 或 $-\dfrac{1}{5} \leqslant a \leqslant 0$. 所以 a 的取值范围是 $[-1, 0]$.

14. 由 $\sin^2 A + \sin^2 B = \sin(A + B)$ 得
$$\sin A(\sin A - \cos B) + \sin B(\sin B - \cos A) = 0$$
$$(*)$$

以下用反证法证明.

设 $A + B > \dfrac{\pi}{2}$,则 $A > \dfrac{\pi}{2} - B$ 且 $A, \left(\dfrac{\pi}{2} - B\right) \in$

$\left(0,\dfrac{\pi}{2}\right)$. $y = \sin x$ 在 $\left(0,\dfrac{\pi}{2}\right)$ 上是增函数,$y = \cos x$ 在

$\left(0,\dfrac{\pi}{2}\right)$ 上是减函数,所以 $\sin A > \cos B$,$\cos A < \sin B$.

($*$)的左边大于零;同理可证,若设 $A + B < \dfrac{\pi}{2}$,则

($*$)的左边小于零. 所以 $A + B = \dfrac{\pi}{2}$.

15. 由 $x_1 + x_2 = -3\sqrt{3}$,$x_1 x_2 = 4$ 知 $x_1 < 0$,$x_2 < 0$.

$\tan \alpha = x_1 < 0$,$\tan \beta = x_2 < 0$. 所以 $\alpha,\beta \in \left(-\dfrac{\pi}{2},0\right)$,

$(\alpha + \beta) \in (-\pi,0)$. $\tan(\alpha + \beta) = \dfrac{x_1 + x_2}{1 - x_1 x_2} = \sqrt{3}$,$\alpha +$

$\beta = -\dfrac{2\pi}{3}$.

16. 设 $\arcsin(\sin \alpha + \sin \beta) = \theta_1$,$\arcsin(\sin \alpha -$

$\sin \beta) = \theta_2$,则 $\theta_1 + \theta_2 = \dfrac{\pi}{2}$,$\sin \alpha + \sin \beta = \sin \theta_1$,

$\sin \alpha - \sin \beta = \sin \theta_2 = \cos \theta_1$. 两式平方后相加得

$2(\sin^2 \alpha + \sin^2 \beta) = 1$,所以 $\sin^2 \alpha + \sin^2 \beta = \dfrac{1}{2}$.

练习 3

1. (1) $\dfrac{\pi}{4}$ 或 $\dfrac{3\pi}{4}$;(2) $\dfrac{\sqrt{5} - 1}{2}$;(3) $\dfrac{2\pi}{3}$;(4)49;

(5) $\sqrt{3}$.

2. 由 $S = \dfrac{1}{2}bc\sin A$ 得 $c = 4$,由余弦定理 $a^2 = b^2 +$

$c^2 - 2bc\cos A$ 得 $a = \sqrt{13}$,$\dfrac{a + b + c}{\sin A + \sin B + \sin C} =$

$$\frac{a}{\sin A} = \frac{\sqrt{13}}{\sin 60°} = \frac{2}{3}\sqrt{39}.$$

3. 由 $\dfrac{a}{\sin A} = \dfrac{c}{\sin C}$ 得 $\dfrac{27}{\sin A} = \dfrac{48}{\sin 3A}$，$\sin A = \dfrac{\sqrt{11}}{6}$，

$\cos A = \dfrac{5}{6}$，$\cos 2A = \dfrac{7}{18}$.

$$B = \pi - 4A, b = \frac{a\sin B}{\sin A} = \frac{27\sin 4A}{\sin A} = 27 \cdot 4\cos A \cdot$$

$\cos 2A = 35.$

4. 设三边依次为 $n-1, n, n+1 (n \in \mathbf{N} \text{且} n > 1)$ 因为这个三角形是钝角三角形，所以 $(n-1)^2 + n^2 < (n+1)^2$，$n < 4$. 由 $n \in \mathbf{N}$ 上 $n > 1$ 得 $n = 2$ 或 $n = 3$.

当 $n = 2$ 时，三边长依次为 $1, 2, 3$，不能构成三角形. 舍去.

当 $n = 3$ 时，三边长依次为 $2, 3, 4$.

5. 由 $c - b = \dfrac{1}{2}a$ 得 $\sin C - \sin B = \dfrac{1}{2}\sin A$，

$2\cos\dfrac{C+B}{2}\sin\dfrac{C-B}{2} = \sin\dfrac{A}{2}\cos\dfrac{A}{2}$，$\cos\dfrac{A}{2} = 2\sin\dfrac{C-B}{2}$，

由 $c > b$ 得 $C > B$，由 $\cos\dfrac{C-B}{2} = \dfrac{\sqrt{21}}{5}$ 得 $\sin\dfrac{C-B}{2} =$

$\dfrac{2}{5}$，所以 $\cos\dfrac{A}{2} = \dfrac{4}{5}$，$\cos A = 2\cos^2\dfrac{A}{2} - 1 = \dfrac{7}{25}$.

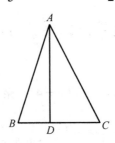

166

6. $a+c=2b$,三角形的周长 $2p = a+b+c = 3b$. 由三角形的面积 $S = \dfrac{1}{2}ab\sin C = \dfrac{1}{2}ab \cdot \dfrac{c}{2R} = \dfrac{abc}{4R}$ 及 $S = pr$ 得 $R = \dfrac{abc}{4S}$, $r = \dfrac{s}{p}$, $6Rr = 6 \cdot \dfrac{abc}{4S} \cdot \dfrac{S}{p} = \dfrac{3abc}{2p} = ac$.

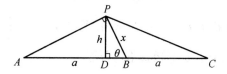

7. 设 $AD = x$, $\angle BAD = \theta$, 则 $\angle ACD = 45° - \theta$, $\tan\theta = \dfrac{2}{x}$, $\tan(45° - \theta) = \dfrac{3}{x}$. 由 $\tan[\theta + (45° - \theta)] = \dfrac{\tan\theta + \tan(45° - \theta)}{1 - \tan\theta\tan(45° - \theta)}$, 得 $\dfrac{\dfrac{2}{x} + \dfrac{3}{x}}{1 - \dfrac{2}{x} \cdot \dfrac{3}{x}} = 1$. 解得 $x = 6$ 或 $x = -1$(舍去). 所以 $\triangle ABC$ 的面积 $S = \dfrac{1}{2}BC \cdot AD = 15(\text{cm}^2)$.

8. (1) 设 $PB = x$, 则 $x = a\cos\theta$, 由正弦定理, 在 $\triangle BPC$ 中, $\dfrac{a}{\sin 45°} = \dfrac{x}{\sin(\theta - 45°)}$, 即 $\dfrac{a}{\sin 45°} = \dfrac{a\cos\theta}{\sin(\theta - 45°)}$, $\sin 45°\cos\theta = \sin(\theta - 45°)$ 化简得 $2\cos\theta = \sin\theta$, θ 为锐角, 所以 $\sin\theta = \dfrac{2}{\sqrt{5}}$, $\cos\theta = \dfrac{1}{\sqrt{5}}$, $\tan\theta = 2$.

(2) $PB = a\cos\theta = \dfrac{\sqrt{5}}{5}a$.

（3）P 到直线 l 的距离 $h = x\sin\theta = \dfrac{\sqrt{5}}{5}a \cdot \dfrac{2}{\sqrt{5}} = \dfrac{2}{5}a$.

9.（1）$\sin(A+B) = \cos(A-B) = 2$，所以

$$\begin{cases} \sin(A+B) = 1 \\ \cos(A-B) = 1 \end{cases}$$

$0 < A+B < \pi$，$|A-B| < \pi$，所以 $A+B = \dfrac{\pi}{2}$ 且 $A-B = 0$，$\triangle ABC$ 是等腰直角三角形.

（2）由 $\dfrac{a^3 + b^3 - c^3}{a+b-c} = c^3$ 得 $a^2 + b^2 - c^2 = ab$，

$\cos C = \dfrac{1}{2}$，$C = \dfrac{\pi}{3}$. 由 $\sin A\sin B = \dfrac{3}{4}$ 得 $-\dfrac{1}{2}\big[\cos(A+B) - \cos(A-B)\big] = \dfrac{3}{4}$. $\cos(A-B) = 1$，所以 $A = B = \dfrac{\pi}{3}$，$\triangle ABC$ 是等边三角形.

（3）变形为

$$a\Big(\tan A - \tan\dfrac{A+B}{2}\Big) + b\Big(\tan B - \tan\dfrac{A+B}{2}\Big) = 0$$

$$\dfrac{\sin A\sin\dfrac{A-B}{2}}{\cos A\cos\dfrac{A+B}{2}} = \dfrac{\sin B\sin\dfrac{A-B}{2}}{\cos B\cos\dfrac{A+B}{2}}$$

$\sin\dfrac{A-B}{2} = 0$ 或 $\tan A = \tan B$. $\triangle ABC$ 是等腰三角形.

（4）由 $a^2 + b^2 - ab = c^2$ 得 $\cos C = \dfrac{1}{2}$，$C = 60°$. 由

$S = \dfrac{1}{2}ab\sin C = \dfrac{\sqrt{3}}{4}ab$ 及 $a^2 + b^2 - ab = 2\sqrt{3}s$ 得 $2a^2 - 5ab + 2b^2 = 0$，$a = 2b$ 或 $b = 2a$. 若 $a = 2b$，则由 $a^2 +$

$b^2 - ab = c^2$ 得 $a^2 = b^2 + c^2$，$\angle A = 90°$；若 $b = 2a$，则由 $a^2 + b^2 - ab = c^2$ 得 $b^2 = a^2 + c^2$，$\angle B = 90°$. 因此 $\triangle ABC$ 是一个直角三角形，其中 $\angle C = 60°$.

（5）变形为

$$\cos A \sin \frac{B-C}{2} \left(\cos \frac{B+C}{2} - 2\cos \frac{B-C}{2} \right) = 0$$

因为 $\cos \dfrac{B+C}{2} - 2\cos \dfrac{B-C}{2} \neq 0$，所以 $\cos A = 0$ 或

$\sin \dfrac{B-C}{2} = 0$. $\triangle ABC$ 为直角三角形或者等腰三角形.

10.（1）$b^2 \cos 2C + 2bc\cos(B-C) + c^2\cos 2B = b^2(\cos^2 C - \sin^2 C) + 2bc(\cos B\cos C + \sin B\sin C) + c^2(\cos^2 B - \sin^2 B) = (b\cos C + c\cos B)^2 - (b\sin C - c\sin B)^2 = a^2$.

（2）$(b^2 + c^2 - a^2)\tan A = 2bc\cos A\tan A = 2bc\sin A = 4S$.

（3）$b^2 - c^2 = 4R^2(\sin^2 B - \sin^2 C) = 4R^2\sin(B+C)\sin(B-C) = 4R^2\sin A\sin C = 2R\sin A \cdot 2R\sin C = ac$.

（4）由 $C = 60°$ 得 $a^2 + b^2 - c^2 = ab$，$(a+b)^2 - c^2 = 3ab$，$(a+b+c)(a+b-c) = 3ab$，$(a+b+c)(a+b-c) + 3c(a+b+c) = 3ab + 3c(a+b+c)$，$(a+b+c)[(a+c) + (b+c)] = 3(a+c)(b+c)$. 所以

$$\frac{1}{a+c} + \frac{1}{b+c} = \frac{3}{a+b+c}$$

（5）$A = \dfrac{4\pi}{7}$，$B = \dfrac{2\pi}{7}$，$C = \dfrac{\pi}{7}$.

$$\frac{1}{a} + \frac{1}{b} = \frac{1}{2R} \left(\frac{1}{\sin \dfrac{4\pi}{7}} + \frac{1}{\sin \dfrac{2\pi}{7}} \right)$$

$$= \frac{1}{2R} \cdot \frac{\sin\dfrac{2\pi}{7} + \sin\dfrac{4\pi}{7}}{\sin\dfrac{4\pi}{7}\sin\dfrac{2\pi}{7}}$$

$$= \frac{1}{2R} \cdot \frac{2\sin\dfrac{3\pi}{7}\cos\dfrac{\pi}{7}}{\sin\dfrac{4\pi}{7} \cdot 2\sin\dfrac{\pi}{7}\cos\dfrac{\pi}{7}}$$

$$= \frac{1}{2R\sin\dfrac{\pi}{7}} = \frac{1}{2r\sin C} = \frac{1}{c}$$

11. $2ab\cos(60° + C) - 2bc\cos(60° + A)$

$$= 2b\left[a\left(\frac{1}{2}\cos C - \frac{\sqrt{3}}{2}\sin C\right) - \right.$$

$$\left. c\left(\frac{1}{2}\cos A - \frac{\sqrt{3}}{2}\sin A\right)\right]$$

$$= ab\cos C - bc\cos A - \sqrt{3}b(a\sin C - c\sin A)$$

$$= \frac{1}{2}(a^2 + b^2 - c^2) - \frac{1}{2}(b^2 + c^2 - a^2)$$

$$= a^2 - c^2$$

12. (1) 由 $\sin A\cos^2\dfrac{C}{2} + \sin C\cos^2\dfrac{A}{2} = \dfrac{3}{2}\sin B$ 得

$$\sin A \cdot \frac{1 + \cos C}{2} + \sin C \cdot \frac{1 + \cos A}{2} = \frac{3}{2}\sin B$$

$$\sin A + \sin C + \sin A\cos C + \sin C\cos A = 3\sin B$$

$\sin A + \sin C + \sin B = 3\sin B, \sin A + \sin C = 2\sin B$

所以 $a + c = 2b, a, b, c$ 成等差数列.

(2) 由 $\sin A + \sin C = 2\sin B$ 得

$$2\sin\frac{A + C}{2}\cos\frac{A - C}{2} = 4\sin\frac{A + C}{2}\cos\frac{A + C}{2}$$

所以 $\cos \dfrac{A-C}{2} = 2\cos \dfrac{A+C}{2}$.

(3) $\cos A + \cos C = 2\cos \dfrac{A+C}{2}\cos \dfrac{A-C}{2} = 4\cos^2 \dfrac{A+C}{2}$, $1 + \cos A\cos C = 1 + \dfrac{1}{2}[\cos(A+C) + \cos(A-C)] = 1 + \dfrac{1}{2}\Big(2\cos^2 \dfrac{A+C}{2} - 1 + 2\cos^2 \dfrac{A-C}{2} - 1\Big) = 5\cos^2 \dfrac{A+C}{2}$,所以原式 $= \dfrac{4}{5}$.

(4) 由 $\cos \dfrac{A-C}{2} = 2\cos \dfrac{A+C}{2}$ 及 $A = 2C$ 得 $\cos^2 \dfrac{C}{2} = \dfrac{7}{8}$,$\cos C = \dfrac{3}{4}$,$\sin C = \dfrac{\sqrt{7}}{4}$,$\cos A = \cos 2C = \dfrac{1}{8}$,$\sin A = \dfrac{3\sqrt{7}}{8}$. $\sin B = \sin(A+C) = \dfrac{5\sqrt{7}}{16}$,$a = \dfrac{b\sin A}{\sin B} = \dfrac{24}{5}$,$c = 2b - a = \dfrac{16}{5}$.

13. (1) 由 $\begin{cases} 1 + q > q^2 \\ q^2 + q > 1 \end{cases}$ 得 $\dfrac{\sqrt{5}-1}{2} < q < \dfrac{\sqrt{5}+1}{2}$.

(2) $\cos B = \dfrac{a^2 + c^2 - b^2}{2ac} = \dfrac{a^2 + c^2 - \left(\dfrac{a+c}{2}\right)^2}{2ac} = \dfrac{3(a^2+c^2) - 2ac}{8ac} \geqslant \dfrac{6ac - 2ac}{8ac} = \dfrac{1}{2}$.

(3) $\cos(A-C) + \cos B + \cos 2B = \cos(A-C) - \cos(A+C) + \cos 2B = 2\sin A\sin C + \cos 2B = 2\sin^2 B + 1 - 2\sin^2 B = 1$.

(4) 原式 $= \sin B + \cos B = \sqrt{2}\sin(B + 45°)$,$45° <$

$B + 45° \leqslant 105°, \dfrac{\sqrt{2}}{2} < \sin(B + 45°) \leqslant 1$,所以原式的取值范围是$(1, \sqrt{2}\,]$.

14. 设舰艇航行的时间为 t(小时),由余弦定理得 $(21t)^2 = (9t)^2 + 10^2 - 2 \cdot 9t \cdot 10 \cdot \cos 120°, t = \dfrac{2}{3}$. 设舰艇在 D 处追上渔轮,则 $CD = 9t = 6$(海里),$BD = 3$(海里).

15. 设 $AB = a, BC = b, CD = c, DA = d$,四边形 $ABCD$ 的面积为 S,则

$$S = S_{\triangle ABC} + S_{\triangle CDA} = \dfrac{1}{2}ab\sin B + \dfrac{1}{2}cd\sin D$$

$$2S = ab\sin B + cd\sin D \qquad ①$$

由

$$AC^2 = a^2 + b^2 - 2ab\cos B = c^2 + d^2 - 2cd\cos D$$

得

$$\dfrac{1}{2}(a^2 + b^2 - c^2 - d^2) = ab\cos B - cd\cos D \qquad ②$$

$①^2 + ②^2$ 得

$$4S^2 + \dfrac{1}{4}(a^2 + b^2 - c^2 - d^2)^2$$
$$= a^2b^2 + c^2d^2 - 2abcd\cos(B + D)$$
$$4S^2 = a^2b^2 + c^2d^2 - \dfrac{1}{4}(a^2 + b^2 - c^2 - d^2)^2 -$$
$$2abcd\cos(B + D)$$

所以当 $\cos(B + D) = -1$,即 $B + D = 180°$ 时,S 有最大值.

练习 4

1. C　A　D　A　B　B　A　C

172

2. $(1)\sin^4\alpha + \cos^4\alpha = (\sin^2\alpha + \cos^2\alpha)^2 - 2\sin^2\alpha\cos^2\alpha = 1 - \dfrac{1}{2}\sin^2 2\alpha.$

$(2)\sin^6\alpha + \cos^6\alpha = (\sin^2\alpha + \cos^2\alpha)(\sin^4\alpha - \sin^2\alpha\cos^2\alpha + \cos^4\alpha) = (\sin^2\alpha + \cos^2\alpha)^2 - 3\sin^2\alpha\cos^2\alpha = 1 - \dfrac{3}{4}\sin^2 2\alpha.$

$(3)\cos 2\alpha + 3\sin\alpha = -2\sin^2\alpha + 3\sin\alpha + 1 = -2\left(\sin\alpha - \dfrac{3}{4}\right)^2 + \dfrac{17}{8}.$

$(4)x \neq k \cdot \dfrac{\pi}{2}(k \in \mathbf{Z}), (\sin x + \tan x)(\cos x + \cot x) = \sin x\cos x + \sin x + \cos x + 1.$ 设 $\sin x + \cos x = t$, 则原式 $= \dfrac{t^2 - 1}{2} + t + 1 = \dfrac{1}{2}(t + 1)^2, t \in [-\sqrt{2}, \sqrt{2}]$ 且 $t \neq \pm 1$, 所以原式 > 0 且原式 $\leqslant \dfrac{1}{2}(\sqrt{2} + 1) = \dfrac{1}{2}(3 + 2\sqrt{2}) < 3.$

3. $2\sin 2\alpha - \cot\dfrac{\alpha}{2} = 4\sin\alpha\cos\alpha - \dfrac{\sin\alpha}{1 - \cos\alpha} = -\dfrac{\sin\alpha(2\cos\alpha - 1)^2}{1 - \cos\alpha} \leqslant 0.$

4. 原不等式等价于 $1 \leqslant |\sin\alpha| + |\cos\alpha| + 2\sqrt{|\sin\alpha||\cos\alpha|} \leqslant 2\sqrt{2}.$ $(|\sin\alpha| + |\cos\alpha|)^2 = 1 + 2|\sin\alpha||\cos\alpha| \leqslant 1 + \sin^2\alpha + \cos^2\alpha,$ 所以 $1 \leqslant |\sin\alpha| + |\cos\alpha| \leqslant \sqrt{2}.$ 又 $|\sin\alpha||\cos\alpha| = \dfrac{1}{2}|\sin 2\alpha| \leqslant \dfrac{1}{2}.$

5. $\tan u = \tan(x - y) = \dfrac{2\tan y}{1 + 3\tan^2 y} = \dfrac{2}{\cot y + 3\tan y} \leqslant$

$\frac{\sqrt{3}}{3}$, $0 < x - y < \frac{\pi}{2}$, 所以 $(x - y) \leqslant \frac{\pi}{6}$, 当 $x = \frac{\pi}{3}$, $y = \frac{\pi}{6}$

时, $u_{\max} = \frac{\pi}{6}$.

6. (1) $B = 60°$, $A + C = 120°$. $\frac{a + c}{b} =$

$\frac{\sin A + \sin C}{\sin B} = \frac{2\sin\dfrac{A + C}{2}\cos\dfrac{A - C}{2}}{\sin B} = 2\cos\dfrac{A - C}{2} \leqslant 2.$

(2) $\frac{\pi}{6} < B < \frac{\pi}{4}$, $\frac{\sqrt{2}}{2} < \cos B < \frac{\sqrt{3}}{2}$, $\frac{AB}{AC} = \frac{\sin C}{\sin B} =$

$2\cos B$.

(3) 由 $c = \frac{b\sin C}{\sin B} > 2b$, 得 $\sin C > 2\sin B >$

$2\sin B\cos B = \sin 2B$.

(4) $b\cos B + c\cos C = 2R\sin B\cos B + 2R\sin C \cdot$

$\cos C = R(\sin 2B + \sin 2C) = 2R\sin(B + C)\cos(B -$

$C) \leqslant 2R\sin A = a$.

7. (1) 由 $\alpha \in \left(0, \frac{\pi}{2}\right)$ $\sin \alpha > 0$, $\cos \alpha > 0$, $0 <$

$\sin \alpha\cos \alpha \leqslant \frac{1}{2}$

$$\left(1 + \frac{1}{\sin \alpha}\right)\left(1 + \frac{1}{\cos \alpha}\right)$$

$$= 1 + \frac{1}{\sin \alpha} + \frac{1}{\cos \alpha} + \frac{1}{\sin \alpha\cos \alpha}$$

$$= 1 + 2\sqrt{\frac{1}{\sin \alpha\cos \alpha}} + \frac{1}{\sin \alpha\cos \alpha}$$

$$= 1 + 2\sqrt{2} + 2 = 3 + 2\sqrt{2}$$

(2) 由 $\alpha \in \left(0, \dfrac{\pi}{2}\right)$ 得 $2\alpha \in (0,\pi], \sin 2\alpha \in (0,1]$.

$\left(\sin \alpha + \dfrac{1}{\sin \alpha}\right)\left(\cos \alpha + \dfrac{1}{\cos \alpha}\right) = \dfrac{\sin^2\alpha\cos^2\alpha + 2}{\sin \alpha\cos \alpha} =$

$\dfrac{\sin 2\alpha}{2} + \dfrac{4}{\sin 2\alpha}$. 函数 $y = \dfrac{x}{2} + \dfrac{4}{x}$ 在 $(0,1]$ 上是减函数,

当 $x = 1$ 时,$y_{\min} = \dfrac{9}{2}$.

8. $\tan^2(\theta - \phi) = \left(\dfrac{\tan \theta - \tan \phi}{1 - \tan \theta\tan \phi}\right)^2$

$= \left[\dfrac{(n - 1)\tan \phi}{1 + n\tan^2\phi}\right]^2 = \dfrac{(n - 1)^2}{(\cot \phi + n\tan \phi)^2}$

$\leqslant \dfrac{(n - 1)^2}{(2\sqrt{n})^2} = \dfrac{(n - 1)^2}{4n}$

9. 利用不等式 $\dfrac{\sqrt{a} + \sqrt{b} + \sqrt{c}}{3} \leqslant \sqrt{\dfrac{a + b + c}{3}}$ 及 $\alpha +$

$\beta + \gamma = \dfrac{\pi}{2}$ 时,$\tan \alpha\tan \beta + \tan \beta\tan \gamma + \tan \gamma\tan \alpha =$

1.

10. $\sin^2\alpha = 1 - \sin^2\beta - \sin^2\gamma = \cos^2\beta - \sin^2\gamma =$

$\cos(\beta + \gamma)\cos(\beta - \gamma)$. 由 $|\beta - \gamma| < \dfrac{\pi}{2}, \cos(\beta -$

$\gamma) > 0$ 得 $\cos(\beta + \gamma) > 0, \beta + \gamma < \dfrac{\pi}{2}$. 同理,$\gamma + \alpha <$

$\dfrac{\pi}{2}, \alpha + \beta < \dfrac{\pi}{2}$,所以 $\alpha + \beta + \gamma < \dfrac{3\pi}{4}$. 由 $\cos(\beta -$

$\gamma) > \cos(\beta + \gamma)$ 得 $\sin^2\alpha > \cos^2(\beta + \gamma), \sin \alpha >$

$\cos(\beta + \gamma) = \sin\left[\dfrac{\pi}{2} - (\beta + \gamma)\right], \alpha, \dfrac{\pi}{2} - (\beta + \gamma)$ 都

是锐角,所以有 $\alpha > \dfrac{\pi}{2} - (\beta + \gamma)$,即 $\alpha + \beta + \gamma > \dfrac{\pi}{2}$.

11. $A + B > \dfrac{\pi}{2}, A > \dfrac{\pi}{2} - B,$ 又 $A, \dfrac{\pi}{2} - B \in \left(0, \dfrac{\pi}{2}\right),$ 所以 $\tan A > \tan\left(\dfrac{\pi}{2} - B\right) = \cot B > 0.$ 同理，$\tan B > \cot C > 0, \tan C > \cot A > 0.$

12. 用反证法：设 $|\sin x| \leqslant \dfrac{1}{3}, |\sin(x + 1)| \leqslant \dfrac{1}{3},$ 作两条平行直线 $y = \pm\dfrac{1}{3},$ 则角 $x, x + 1$ 的终边与单位圆的交点都落在弧 $\overset{\frown}{AB}$ 或弧 $\overset{\frown}{B'A'}$ 上，由于

$$\sin \angle AOB = \sin\left(2\arcsin\dfrac{1}{3}\right) = \dfrac{4\sqrt{2}}{9}$$

$$< \dfrac{\sqrt{2}}{2} = \sin\dfrac{\pi}{4} < \sin 1$$

所以 $\angle AOB < 1(\mathrm{rad}),$ 导致矛盾.

13. （1）先证 $|\sin x| \leqslant |x|, \cos x = 1 - 2\sin^2\dfrac{x}{2} = 1 - 2\left|\sin\dfrac{x}{2}\right|^2 \geqslant 1 - 2\left|\dfrac{x}{2}\right|^2 = 1 - \dfrac{x^2}{2}.$

（2）$x \in \left(0, \dfrac{\pi}{2}\right), \cos x > \cos^2 x, x\sin x > \sin^2 x.$

14. $\sin x - \sin y = 2\cos\dfrac{x + y}{2}\sin\dfrac{x - y}{2} < 2\sin\dfrac{x - y}{2} < 2 \cdot \dfrac{x - y}{2} = x - y; \tan x - \tan y = \tan(x - y)(1 + \tan x\tan y) > \tan(x - y) > x - y.$

15. （1）$\sin A + \sin B + \sin C = 4\cos\dfrac{A}{2}\cos\dfrac{B}{2}\cos\dfrac{C}{2} \leqslant \dfrac{3\sqrt{3}}{2}.$

$(2) \cos A + \cos B + \cos C = 1 + 4\sin\dfrac{A}{2}\sin\dfrac{B}{2}\sin\dfrac{C}{2} >$

1. 又

$$\sin\dfrac{A}{2}\sin\dfrac{B}{2}\sin\dfrac{C}{2}$$

$$= \dfrac{1}{2}\left(\cos\dfrac{A-B}{2} - \cos\dfrac{A+B}{2}\right)\sin\dfrac{C}{2}$$

$$\leqslant \dfrac{1}{2}\left(1 - \sin\dfrac{C}{2}\right)\sin\dfrac{C}{2}$$

$$\leqslant \dfrac{1}{2}\left(\dfrac{1}{2}\right)^2 = \dfrac{1}{8}$$

$(3)\ \dfrac{1}{a} + \dfrac{1}{b} + \dfrac{1}{c} \geqslant 3\sqrt[3]{\dfrac{1}{abc}} = \dfrac{3}{2R} \cdot$

$\sqrt[3]{\dfrac{1}{\sin A \sin B \sin C}}.$ 而

$\sin A \sin B \sin C$

$$= \dfrac{1}{2}\left[\cos(A-B) - \cos(A+B)\right]\sin C$$

$$\leqslant \dfrac{1}{2}(1 + \cos C)\sin C$$

$$= \dfrac{1}{2}(1 + \cos C)\sqrt{1 - \cos^2 C}$$

$$= \dfrac{1}{2\sqrt{3}}\sqrt{(1 + \cos C)(1 + \cos C)(1 + \cos C) \cdot 3(1 - \cos C)}$$

$$\leqslant \dfrac{1}{2\sqrt{3}} \cdot \sqrt{\left(\dfrac{6}{4}\right)^4} = \dfrac{1}{2\sqrt{3}}\left(\dfrac{3}{2}\right)^2$$

$$= \dfrac{3\sqrt{3}}{8}$$

$$\dfrac{1}{\sin A \sin B \sin C} \geqslant \dfrac{8}{3\sqrt{3}}$$

所以

$$\frac{1}{a} + \frac{1}{b} + \frac{1}{c} \geqslant \frac{3}{2R} \cdot \sqrt[3]{\frac{8}{3\sqrt{3}}} = \frac{3}{2R} \cdot \frac{2}{\sqrt{3}} = \frac{\sqrt{3}}{R}$$

$$(4) ab + bc + ca = abc\left(\frac{1}{a} + \frac{1}{b} + \frac{1}{c}\right) =$$

$$4RS\left(\frac{1}{a} + \frac{1}{b} + \frac{1}{c}\right) \geqslant 4RS \cdot \frac{\sqrt{3}}{R} = 4\sqrt{3}\,S.$$

16. (1) 不妨设 $a \geqslant b \geqslant c$，则 $A \geqslant B \geqslant C$

$aA + bB + cC - (aB + bC + cA)$

$= a(A - B) + b(B - C) - c(A - C)$

$= a(A - B) + b(B - C) - c[(A - B) + (B - C)]$

$= (a - c)(A - B) + (b - c)(B - C) \geqslant 0$

(2) $y = \cos x$ 在 $(0, \pi)$ 内是减函数，所以

$$(A - B)(\cos A - \cos B) \leqslant 0$$

即

$$A\cos A + B\cos B \leqslant A\cos B + B\cos A$$

同理

$$B\cos B + C\cos C \leqslant B\cos C + C\cos B$$

$$C\cos C + A\cos A \leqslant C\cos A + A\cos C$$

所以

$2(A\cos A + B\cos B + C\cos C)$

$\leqslant \cos A(B + C) + \cos B(C + A) + \cos C(A + B)$

$= \cos A(\pi - A) + \cos B(\pi - B) + \cos C(\pi - C)$

$= \pi(\cos A + \cos B + \cos C) -$

$(A\cos A + B\cos B + C\cos C)$

即

$$3(A\cos A + B\cos B + C\cos C)$$

$$\leqslant \pi(\cos A + \cos B + \cos C)$$

再由

$$\cos A + \cos B + \cos C > 1$$

得

$$\frac{A\cos A + B\cos B + C\cos C}{\cos A + \cos B + \cos C} \leqslant \frac{\pi}{3}$$

17. $F(x) = \left| \sqrt{2} \sin\left(2x + \frac{\pi}{4}\right) + Ax + B \right|$. 当 $A = B = 0$ 时，$F(x) = \sqrt{2} \left| \sin\left(2x + \frac{\pi}{4}\right) \right|$ 在区间 $\left[0, \frac{3\pi}{2}\right]$ 上有 $x_1 = \frac{\pi}{8}, x_2 = \frac{5\pi}{8}, x_3 = \frac{9\pi}{8}$ 使 $F(x)$ 取得最大值 $M = \sqrt{2}$.

设当 A, B 不同时为零时，$F(x)_{\max} \leqslant \sqrt{2}$，则

$$F\left(\frac{\pi}{8}\right) \leqslant \sqrt{2}, F\left(\frac{5\pi}{8}\right) \leqslant \sqrt{2}, F\left(\frac{9\pi}{8}\right) \leqslant \sqrt{2}$$

$$\frac{\pi}{8}A + B \leqslant 0, \frac{5\pi}{8}A + B \geqslant 0 \ \text{及} \ \frac{9\pi}{8}A + B \leqslant 0$$

由此得 $A \geqslant 0$ 及 $A \leqslant 0$，所以 $A = 0$，从而得 $B \geqslant 0$ 及 $B \leqslant 0$，所以 $B = 0$ 与假设矛盾. 即 A, B 不同时为零时，$F(x)_{\max} > \sqrt{2}$.

综上所述，当 $A = B = 0$ 时，M 的最小值为 $\sqrt{2}$.

18. 将 a, b 及 r 都用 R 及角的三角函数表示. $a = 2R\sin A, b = 2R\sin B$. 由

$$S = \frac{1}{2}ab\sin C = 2R^2 \sin A \sin B \sin C$$

及

$$S = \frac{1}{2}(a + b + c)r = Rr(\sin A + \sin B + \sin C)$$

$$4rR\cos\frac{A}{2}\cos\frac{B}{2}\cos\frac{C}{2}$$

得

$$r = 4R\sin\frac{A}{2}\sin\frac{B}{2}\sin\frac{C}{2}$$

$$f = 2R\left(\sin A + \sin B - 1 - 4\sin\frac{A}{2}\sin\frac{B}{2}\sin\frac{C}{2}\right)$$

$$= 2R\left[2\sin\frac{B+A}{2}\cos\frac{B-A}{2} - 1 + \right.$$

$$\left. 2\left(\cos\frac{A+B}{2} - \cos\frac{A-B}{2}\right)\sin\frac{C}{2}\right]$$

$$= 2R\left[2\cos\frac{B-A}{2}\left(\sin\frac{B+A}{2} - \sin\frac{C}{2}\right) - \right.$$

$$\left. 1 + 2\cos\frac{A+B}{2}\sin\frac{C}{2}\right]$$

$$= 2R\left[2\cos\frac{B-A}{2}\left(\cos\frac{C}{2} - \sin\frac{C}{2}\right) - 1 + 2\sin^2\frac{C}{2}\right]$$

$$= 2R\left[2\cos\frac{B-A}{2}\left(\cos\frac{C}{2} - \sin\frac{C}{2}\right) - \right.$$

$$\left. \left(\cos^2\frac{C}{2} - \sin^2\frac{C}{2}\right)\right]$$

$$= 2R\left(\cos\frac{C}{2} - \sin\frac{C}{2}\right)\left[\left(\cos\frac{B-A}{2} - \cos\frac{C}{2}\right) + \right.$$

$$\left. \left(\cos\frac{B-A}{2} - \cos\frac{B+A}{2}\right)\right]$$

由 $a \leqslant b \leqslant c$ 得 $A \leqslant B \leqslant C$，所以

$$0 \leqslant B - A < B \leqslant C < \pi$$

$$0 \leqslant B - A < B + A < \pi$$

$$0 \leqslant \frac{B-A}{2} < \frac{C}{2} < \frac{\pi}{2}$$

$$0 \leqslant \frac{B-A}{2} < \frac{B+A}{2} < \frac{\pi}{2}$$

$$\cos \frac{B - A}{2} - \cos \frac{C}{2} > 0$$

$$\cos \frac{B - A}{2} - \cos \frac{B + A}{2} > 0$$

f 的符号取决于 $\cos \dfrac{C}{2} - \sin \dfrac{C}{2}$ 的符号. 当 $C < \dfrac{\pi}{2}$ 时,

$f > 0$; 当 $C = \dfrac{\pi}{2}$ 时,$f = 0$;当 $C > \dfrac{\pi}{2}$ 时,$f < 0$.

练习 5

1. (1) 在 $\triangle PAB$ 中,设 $\angle PAB = \alpha$,则

$$\angle PBA = 120° - \alpha, \angle PAC = 60° - \alpha$$

$$PB + PC = 2R[\sin \alpha + \sin(60° - \alpha)]$$

$$= 2R\cos(30° - \alpha) =$$

$$= 2R\sin(120° - \alpha) = PA$$

$$AB^2 = BC^2 = PA^2 + PB^2 - 2PA \cdot PB\cos 60°$$

$$= PA^2 + PB^2 - PA \cdot PB$$

$$= PA^2 + PB(PB - PA)$$

$$= PA^2 - PB \cdot PC$$

所以

$$PA^2 = PB^2 + PB \cdot PC$$

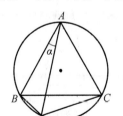

1 题图

$(2) S_{\triangle PAB} + S_{\triangle PBC} = \dfrac{1}{2} a \cdot PA \cdot \sin \alpha + \dfrac{1}{2} a \cdot PC \cdot \sin \alpha = \dfrac{1}{2} a \sin \alpha (PA + PC)$.

在 $\triangle PAC$ 中，$\dfrac{PA}{\sin(60° + \alpha)} = \dfrac{PC}{\sin(60° - \alpha)} = \dfrac{AC}{\sin 60°}$，$PA + AC = \dfrac{2a}{\sqrt{3}} [\sin(60° + \alpha) + \sin(60° - \alpha)] = 2a \cos \alpha$，所以 $S_{\triangle PAB} + S_{\triangle PBC} = \dfrac{1}{2} a^2 \sin 2\alpha$，其最大值为 $\dfrac{a^2}{2}$．

2. $a = 2b\sin 10°, a^3 = 8b^3 \sin^3 10° = 8b^3 \cdot \dfrac{1 - \cos 20°}{2} \cdot \sin 10° = 4b^3 (\sin 10° - \sin 10° \cos 20°) = 4b^3 [\sin 10° - \dfrac{1}{2}(\sin 30° - \sin 10°)] = 4b^3 \left(\dfrac{3}{2} \sin 10° - \dfrac{1}{4}\right) = 3 \cdot 2b \sin 10° \cdot b^2 - b^3 = 3ab^2 - b^3$.

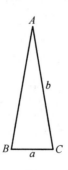

2 题图

3. 设正方形边长为 a，则 $AE = \dfrac{a}{2\cos 15°}$，在 $\triangle ABE$

中$,BE^2 = a^2 + \left(\dfrac{a}{2\cos 15°} \right)^2 - 2a \cdot \dfrac{a}{2\cos 15°} \cdot \cos 75° = a^2.$

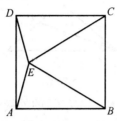

3 题图

4. $S_{\triangle ABT} + S_{\triangle ATC} = S_{\triangle ABC}.$

$$\dfrac{1}{2}c \cdot AT \cdot \sin \dfrac{\alpha}{2} + \dfrac{1}{2}b \cdot AT \cdot \sin \dfrac{\alpha}{2} = \dfrac{1}{2}bc\sin \alpha$$

所以

$$AT = \dfrac{2bc}{b + c}\cos \dfrac{\alpha}{2}$$

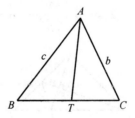

4 题图

5. 在 $\triangle ABD$ 中

$$\dfrac{AD}{\sin 20°} = \dfrac{BD}{\sin 100°} = \dfrac{AB}{\sin 60°}$$

$$AD + BD = \dfrac{AB}{\sin 60°}(\sin 20° + \sin 100°)$$

$$= \dfrac{AB}{\sin 60°} \cdot 2\sin 60°\cos 40°$$

183

$$= 2AB\cos 40° = BC$$

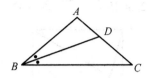

5 题图

6. 设 $\triangle ABC$ 和 $\triangle A'B'C'$ 的外接圆半径分别为 R 和 R'，因为 $\angle C' = 180° - A' - B' = A - B$，所以

$$bb' + cc' = 4RR'(\sin B\sin B' + \sin C\sin C')$$
$$= 4RR'[\sin^2 B + \sin(A + B)\sin(A - B)]$$
$$= 4RR'(\sin^2 B + \sin^2 A - \sin^2 B)$$
$$= 4RR'\sin^2 A = 2R\sin A \cdot 2R'\sin(180° - A')$$
$$= aa'$$

7. 设 $AC = BC = 2a$，$\angle ADC = \alpha$，$\angle BDE = \beta$，则

$$\tan \alpha = 2, \sin \alpha = \frac{2}{\sqrt{5}}, \cos \alpha = \frac{1}{\sqrt{5}}$$

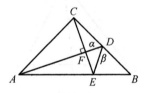

7 题图

在 $\triangle ACE$ 中

$$\frac{AE}{\sin \alpha} = \frac{AC}{\sin(45° + \alpha)}$$

所以 $AE = \frac{4\sqrt{2}}{3}a$. 从而

$$BE = 2\sqrt{2}a - \frac{4\sqrt{2}}{3}a = \frac{2\sqrt{2}}{3}a$$

在 $\triangle BDE$ 中

$$\frac{BE}{\sin \beta} = \frac{BD}{\sin(45° + \beta)}$$

所以

$$\sin \beta = \frac{BE\sin(45° + \beta)}{BD} = \frac{2}{3}(\sin \beta + \cos \beta)$$

$\tan \beta = 2$,又 $0° < \alpha, \beta < 90°$,故 $\alpha = \beta$.

8. 变形为 $\dfrac{a}{AH} + \dfrac{b}{BH} + \dfrac{C}{CH} = \dfrac{a}{AH} \cdot \dfrac{b}{BH} \cdot \dfrac{c}{AC}$ 进行证明.

为此,只需证明 $\dfrac{a}{AH} = \tan A$ 即可. A, F, H, E 四点共圆,

且这个圆的直径是 AH,故 $AH = \dfrac{EF}{\sin A}$. E, F, B, C 四点共

圆,且这个圆的直径是 BC,所以 $EF = BC\sin \angle ABE =$

$a\cos A$,从而 $AH = \dfrac{a\cos A}{\sin A} = a\cot A$,$\dfrac{a}{AH} = \tan A$.

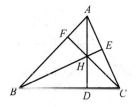

8 题图

9. 如图,设 $\angle AOD = \alpha$,$\triangle ABC$ 的外接圆半长为 R,则
$$\angle BOE = \angle AOB - \angle AOE = 120° - (180° - \alpha)$$
$$= \alpha - 60°$$
$$\angle COF = 120° - \alpha$$
$$AD = R\sin \alpha, BE = R\sin(\alpha - 60°)$$
$$\angle F = R\sin(120° - \alpha)$$

$$AD^2 + BE^2 + CF^2 = \frac{3}{2}R^2$$

为定值.

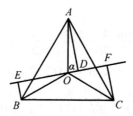

9 题图

10. 设 $BC = 2a$, $\angle C = \alpha$, $\angle FQC = \beta$, 则 $AM = a\tan \alpha$. 由 $BM^2 = AM \cdot OM$ 得 $OM = a\cot \alpha$. 由正弦定理, 在 $\triangle QFC$ 和 $\triangle QEB$ 中

$$\frac{QF}{\sin \alpha} = \frac{QM + \alpha}{\sin(\alpha + \beta)}, \frac{QE}{\sin(180° - \alpha)} = \frac{a - QM}{\sin(\alpha - \beta)}$$

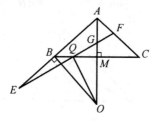

10 题图

由 $QE = QF$, 得

$$QM = a \cdot \frac{\sin(\alpha + \beta) - \sin(\alpha - \beta)}{\sin(\alpha + \beta) + \sin(\alpha - \beta)}$$

$$= a \cdot \frac{\cos \alpha \sin \beta}{\sin \alpha \cdot \cos \beta}$$

$$= a \cdot \cot \alpha \cdot \frac{a\sin \beta}{a\cos \beta}$$

186

$$= OM \cdot \frac{GM}{QM}$$

$$QM^2 = OM \cdot GM, \angle OQG = 90°$$

即 $OQ \perp EF.$

11.（略）.

12. 因 $|x| > 1$ 且 $x > 0$，设 $x = \dfrac{1}{\cos \alpha}, \alpha \in$

$\left(0, \dfrac{\pi}{2}\right)$ 代入原方程，求得 $\cos \alpha = \dfrac{3}{5}$ 或 $\cos \alpha = \dfrac{4}{5}$，所以

$x = \dfrac{5}{3}$ 或 $x = \dfrac{5}{4}$.

13. x, y 必须满足 $0 \leqslant x \leqslant 1, 0 \leqslant y \leqslant 1$，故设 $x = \cos^2 \alpha, \alpha \in \left[0, \dfrac{\pi}{2}\right]$，$y = \cos^2 \beta, \beta \in \left[0, \dfrac{\pi}{2}\right]$，代入原方

程组，求得 $\alpha = \beta = \dfrac{\pi}{4}$，所以 $x = y = \dfrac{1}{2}$.

14. 变形为 $\dfrac{2x}{1 + x^2} \cdot \dfrac{2y}{1 + y^2} \cdot \dfrac{1 - z^2}{1 + z^2} = 1.$

设 $x = \tan \alpha, y = \tan \beta, z = \tan \gamma, \alpha, \beta, \gamma \in$

$\left(-\dfrac{\pi}{2}, \dfrac{\pi}{2}\right)$，则

$$\sin 2\alpha \sin 2\beta \cos 2\gamma = 1$$

但

$$|\sin 2\alpha| \leqslant 1, |\sin 2\beta| \leqslant 1, |\cos 2\gamma| \leqslant 1$$

所以

$$\sin 2\alpha = \sin 2\beta = \cos 2\gamma = 1 \qquad ①$$

或

$$\sin 2\alpha = 1, \sin 2\beta = \cos 2\gamma = -1 \qquad ②$$

或

$$\sin 2\beta = 1, \sin 2\alpha = \cos 2\gamma = -1 \qquad ③$$

或

$$\cos 2\gamma = 1, \sin 2\alpha = \sin 2\beta = -1 \qquad ④$$

由于 $2\alpha, 2\beta, 2\gamma \in (-\pi, \pi)$,所以②,③都没有解. 由

① 得 $\alpha = \beta = \dfrac{\pi}{4}, \gamma = 0$. 从而 $x = y = 1, z = 0$;由 ④ 得

$\alpha = \beta = -\dfrac{\pi}{4}, \gamma = 0$,从而 $x = y = -1, z = 0$.

15. 变形为 $(x-4)^2 + (y+3)^2 \le 4$. 设 $x = 4 + r\cos\theta, y = -3 + r\sin\theta. r \in [0,2], \theta \in [0,2\pi)$.

16. 设 $x = \tan\theta, \theta \in \left(-\dfrac{\pi}{2}, \dfrac{\pi}{2}\right)$,则 $\dfrac{\sqrt{3}x+1}{\sqrt{x^2+1}} =$

$(\sqrt{3}\tan\theta + 1)\cos\theta = \sqrt{3}\sin\theta + \cos\theta = 2\sin\left(\theta + \dfrac{\pi}{6}\right)$.

$\left(\theta + \dfrac{\pi}{6}\right) \in \left(-\dfrac{\pi}{3}, \dfrac{2\pi}{3}\right)$. $\sin\left(\theta + \dfrac{\pi}{6}\right) \in \left(-\dfrac{\sqrt{3}}{2}, 1\right]$.

17. $|x| \le \sqrt{5}$,设 $x = \sqrt{5}\cos\theta, \theta \in [0,\pi]$,则 $y = \sqrt{5}\cos\theta + 4 + \sqrt{5}\sin\theta = \sqrt{10}\sin\left(\theta + \dfrac{\pi}{4}\right) + 4$. 由

$\left(\theta + \dfrac{\pi}{4}\right) \in \left[\dfrac{\pi}{4}, \dfrac{5\pi}{4}\right]$,得 $\sin\left(\theta + \dfrac{\pi}{4}\right) \in \left[-\dfrac{\sqrt{2}}{2}, 1\right]$,

当 $\theta = \pi$ 时,即 $x = -\sqrt{5}$ 时,$y_{\min} = -\sqrt{5} + 4$;当 $\theta = \dfrac{\pi}{4}$

时,而 $x = \dfrac{\sqrt{10}}{2}$ 时,$y_{\max} = \sqrt{10} + 4$.

18. 将 $2a^2 + 6b^2 = 3$ 变形为 $\left(\sqrt{\dfrac{2}{3}}a\right)^2 + (\sqrt{2}b)^2 =$

1. 设 $a = \sqrt{\dfrac{3}{2}}\sin\theta, b = \sqrt{\dfrac{1}{2}}\cos\theta, \theta \in [0,2\pi)$,则

$$f(x) = \sqrt{\frac{3}{2}} x \sin \theta + \sqrt{\frac{1}{2}} \cos \theta$$

$$= \sqrt{\frac{3x^2 + 1}{2}} \sin(\theta + \phi)$$

所以

$$f(x) \leqslant \sqrt{\frac{3x^2 + 1}{2}} \leqslant \sqrt{2}$$

19. 任给的 13 个实数分别记作 $\tan \theta_i, \theta_i \in \left(-\frac{\pi}{2}, \frac{\pi}{2}\right), i = 1, 2, \cdots, 13$. 将 $\left(-\frac{\pi}{2}, \frac{\pi}{2}\right)$ 等分成 12 个区间,则 θ_i 中至少有两个角的终边落在同一区间内. 不妨设这两个角为 α, β 且 $\alpha \geqslant \beta$. 即 $0 \leqslant \alpha - \beta \leqslant \frac{\pi}{12}$.

再令 $x = \tan \alpha, y = \tan \beta$.

20. 设 $a = \tan \alpha, b = \tan \beta, c = \tan \gamma, d = \tan \delta, \alpha,$ $\beta, \gamma, \delta \in \left(0, \frac{\pi}{2}\right)$,则

$$\sin^2 \alpha + \sin^2 \beta + \sin^2 \gamma + \sin^2 \delta = 1$$

所以

$$\cos^2 \alpha = \sin^2 \beta + \sin^2 \gamma + \sin^2 \delta \geqslant 3 \sqrt[3]{\sin^2 \beta \sin^2 \gamma \sin^2 \delta}$$

同理

$$\cos^2 \beta \geqslant 3 \sqrt[3]{\sin^2 \alpha \sin^2 \gamma \sin^2 \delta}$$

$$\cos^2 \gamma \geqslant 3 \sqrt[3]{\sin^2 \alpha \sin^2 \beta \sin^2 \delta}$$

$$\cos^2 \delta \geqslant 3 \sqrt[3]{\sin^2 \alpha \sin^2 \beta \sin^2 \gamma}$$

所以

$$\cos^2 \alpha \cos^2 \beta \cos^2 \gamma \cos^2 \delta \geqslant 81 \sin^2 \alpha \sin^2 \beta \sin^2 \gamma \sin^2 \delta$$

$$\tan^2 \alpha \tan^2 \beta \tan^2 \gamma \tan^2 \delta \leqslant \frac{1}{81}$$

$$\tan\alpha\tan\beta\tan\gamma\tan\delta \leqslant \frac{1}{9}$$

即

$$abcd \leqslant \frac{1}{9}$$

当且仅当 $a = b = c = d = \dfrac{\sqrt{3}}{3}$ 时等号成立.

美国有句俗语:Those who do, Those
who can't teach(能者上,不能者教). 基
于这一点,人们长期以来都怀疑象牙塔
是高薪低产者的庇护所. 本书可以帮你
打破这种怀疑.

本书是中学优秀数学教师车新发写
的一本关于三角函数方面的小册子,成
书较早. 那个时代人们还不像今天那么
浮躁、竞争、功利,所以还是能潜下心来,
写一点货真价实的东西.

2013 年 10 月 22 日王云路教授在浙
江大学古籍研究所建所 30 周年所庆开幕
式上的发言中指出:

孔子谈到学者的研究时
说:
"古之学者为己,今之学者
为人."这句话我经常和我的学

生们提起. 什么是"为己之学"? 什么又是"为人之学"? 读书、考据、感悟,沉浸在学术研究的"桃花源"中,这大概就是"古之学者为己"的情形; 项目、获奖、升职,把这些作为一种奋斗目标,这大概就是"今之学者为人"的情形. 因为自己的研究,而收获后一种的成就,是很好的事情;倘若专意名利,就可怜可叹了①.

本书从本质上说是一本教辅,直到今天还有人在要不要看教辅书的问题上有争议,有专家提出的"重视教材"到底要不要重视,要不要履行? 事实上,多年来,有许多优秀中学数学教师摄取了各种专业的一些基本知识,并且在一些方向上着意提高,因为他(她)们深谙一个道理:把股票书读好的人,很难成为股票高手! 只把数学教材看完的学生,可能高考数学最多也就考三四十分! 如果没有天赋异禀的话,即使把《下厨房》这样的书籍看完了,也很难做出让很多人啧啧称赞的佳肴!

还是以笔者较为熟悉的竞赛数学题为例:

题目1 设 $a,b,c \in \mathbf{R}^*$,且 $a+b+c = abc$,求证:

$$\sqrt{(1+a^2)(1+b^2)} + \sqrt{(1+b^2)(1+c^2)} +$$
$$\sqrt{(1+c^2)(1+a^2)} -$$

---

① 摘编自《切问近思录》,王云路著. 杭州:浙江古籍出版社,2023:284.

$$\sqrt{(1 + a^2)(1 + b^2)(1 + c^2)} \geqslant 4$$

本题为 2017 年摩尔多瓦数学竞赛其中一题.

王扬老师指出:从条件 $a + b + c = abc \Rightarrow$ $\dfrac{1}{ab} + \dfrac{1}{bc} + \dfrac{1}{ca} = 1$ 联想到三角形中的恒等式

$$\tan \frac{A}{2}\tan \frac{B}{2} + \tan \frac{B}{2}\tan \frac{C}{2} + \tan \frac{C}{2}\tan \frac{A}{2} = 1$$

或者

$$\cot A\cot B + \cot B\cot C + \cot C\cot A = 1$$

于是,代换的想法涌上心头.

证法 1 三角代换法.

由条件知,作代换,令 $a = \tan A, b = \tan B, c = \tan C$($A, B, C$ 为锐角 $\triangle ABC$ 的三个内角),则

$$\sqrt{(1 + a^2)(1 + b^2)} + \sqrt{(1 + b^2)(1 + c^2)} +$$
$$\sqrt{(1 + c^2)(1 + a^2)} -$$
$$\sqrt{(1 + a^2)(1 + b^2)(1 + c^2)}$$

$$= \frac{1}{\cos A\cos B} + \frac{1}{\cos B\cos C} + \frac{1}{\cos C\cos A} -$$
$$\frac{1}{\cos A\cos B\cos C}$$

$$= \frac{\cos A + \cos B + \cos C - 1}{\cos A\cos B\cos C}$$

$$= \frac{4\sin \dfrac{A}{2}\sin \dfrac{B}{2}\sin \dfrac{C}{2}}{\cos A\cos B\cos C}$$

$$\geqslant 4$$

最后一步用到了熟知的不等式

$$\cos A\cos B\cos C \le \sin\frac{A}{2}\sin\frac{B}{2}\sin\frac{C}{2}$$

$$(*)$$

评注 此法应该是本题命题过程的揭示.

证法2 三角代换法.

由条件知道,可作代换,令 $a = \cot\dfrac{A}{2}$,

$b = \cot\dfrac{B}{2}, c = \cot\dfrac{C}{2}$($A,B,C$ 为锐角 $\triangle ABC$ 的

三个内角),则

$$\sqrt{(1+a^2)(1+b^2)} + \sqrt{(1+b^2)(1+c^2)} +$$
$$\sqrt{(1+c^2)(1+a^2)} -$$
$$\sqrt{(1+a^2)(1+b^2)(1+c^2)}$$

$$= \frac{1}{\sin\dfrac{A}{2}\sin\dfrac{B}{2}} + \frac{1}{\sin\dfrac{B}{2}\sin\dfrac{C}{2}} +$$

$$\frac{1}{\sin\dfrac{C}{2}\sin\dfrac{A}{2}} - \frac{1}{\sin\dfrac{A}{2}\sin\dfrac{B}{2}\sin\dfrac{C}{2}}$$

$$= \frac{\sin\dfrac{A}{2} + \sin\dfrac{B}{2} + \sin\dfrac{C}{2} - 1}{\sin\dfrac{A}{2}\sin\dfrac{B}{2}\sin\dfrac{C}{2}}$$

$$= \frac{1}{\sin\dfrac{A}{2}\sin\dfrac{B}{2}\sin\dfrac{C}{2}}\Big[\sin\dfrac{A}{2} + \sin\dfrac{B}{2} + \sin\dfrac{C}{2} -$$

$$\Big(\cos A + \cos B + \cos C - 4\sin\dfrac{A}{2}\sin\dfrac{B}{2}\sin\dfrac{C}{2}\Big)\Big]$$

$$= 4 + \frac{1}{\sin\dfrac{A}{2}\sin\dfrac{B}{2}\sin\dfrac{C}{2}}\Big[\sin\dfrac{A}{2} + \sin\dfrac{B}{2} +$$

$$\sin\frac{C}{2} - (\cos A + \cos B + \cos C)\Big]$$

$$\geqslant 4$$

最后一步用到了熟知的不等式

$$\sin\frac{A}{2} + \sin\frac{B}{2} + \sin\frac{C}{2} \geqslant$$

$$\cos A + \cos B + \cos C$$

评注 由本题的三角代换证明方法可以看出,原题就是上述熟知的三角不等式的等价变形,换句话说,就是掌握一些三角恒等式,如

$$\cos A + \cos B + \cos C -$$

$$4\sin\frac{A}{2}\sin\frac{B}{2}\sin\frac{C}{2} = 1$$

和不等式

$$\sin\frac{A}{2} + \sin\frac{B}{2} + \sin\frac{C}{2}$$

$$\geqslant \cos A + \cos B + \cos C$$

等十分有用.

对于竞赛中的代数问题,三角函数也大有用途,比如:

题目 2 实数数列 $a_1, a_2, a_3, \cdots$ 具有性质:对任意自然数 $k, a_{k+1} = \dfrac{ka_k + 1}{k - a_k}$. 证明:这个数列包含无穷多项正项与无穷多项负项.

证法 1 首先,假设有 1 个 N,使得除 a^n 外,数列 $\{a_n\}$ 的所有项都是负的,则对 $k >$

N,有

$$a_{k+1} = \frac{ka_k + 1}{k - a_k} = a_k + \frac{a_k^2 + 1}{k - a_k} \geqslant a_k$$

由此

$$a_k \geqslant a_N, a_{k+1} \geqslant a_k + \frac{1}{k + |a_n|}$$

因此

$$a_{N+m+1} \geqslant a_N + \frac{1}{N + |a_N|} +$$

$$\frac{1}{N + |a_N| + 1} + \cdots +$$

$$\frac{1}{N + |a_N| + m}$$

众所周知,当 n 很大时,形如 $1 + \frac{1}{2} +$ $\frac{1}{3} + \cdots + \frac{1}{n}$ 的和无限增加. 特别地,显然得出的和 $\frac{1}{N + |a_N|} + \cdots + \frac{1}{N + |a_N| + m}$ 大于 $|a_N|$. 所以 a_{N+m+1} 变为正的,这与开始的假设矛盾.

现在,假设相反情况. 从某数 N 开始,数列 $\{a_n\}$ 的所有项都是正的,则 $a_{k+1} \geqslant a_k + \frac{1}{k}$,这意味着,这个数列无限增加. 考虑数 m, $a_m > 2$. 当 $k \geqslant m$ 时,$a_{k+1} \geqslant a_k + \frac{a_k^2}{k}$. 令 $b_k = \frac{a_k}{k}$,则

$$b_{k+1}(k + 1) \geqslant kb_k + kb_k^2$$

196

即

$$b_{k+1} \geqslant \frac{b_k(k + a_k)}{k + 1} \geqslant \frac{b_k(k + 2)}{k + 1}$$

所以

$$b_{k+m} \geqslant b_k \frac{k + 2}{k + 1} \cdot \frac{k + 3}{k + 2} \cdot \cdots \cdot \frac{k + m + 1}{k + m}$$

$$= \frac{b_k(k + m + 1)}{k + 1}$$

我们看到,选择充分大的 m,可得 $b_{k+m} >$ 1. 但这意味着 $a_{k+m} > k + m$,而这等价于 a_{k+m+1} 是负的. 由所得到的矛盾完成了证明.

证法 2　考虑以下数列

$$b_1 = \arctan a_1, b_{k+1} = b_k + \arctan \frac{1}{k}$$

于是,利用公式

$$\tan(x + y) = \frac{\tan x + \tan y}{1 - \tan x \tan y}$$

可以证明 $a_k = \tan b_k$ 对任意 k 成立. 现在,利用(无需解释)事实:当 $k \to \infty$ 时

$$\lim \left(\frac{\arctan \dfrac{1}{k}}{\dfrac{1}{k}} \right) = 1$$

这意味着,当 k 无限增大时,级数 $\displaystyle\sum_{k=1}^{\infty} \arctan\left(\frac{1}{k}\right)$ 的各项趋于 0. 也可以看出,这个级数本身是发散的(粗略地说,$\frac{1}{k}$ 与 $\arctan\left(\frac{1}{k}\right)$ 在 $k \to \infty$ 时的等价性意味着级数

$\sum\limits_{k=1}^{\infty} \arctan\left(\dfrac{1}{k}\right)$ 的性质与众所周知的级数

$\sum\limits_{k=1}^{\infty} \dfrac{1}{k}$ 的性质相同). 令 A 是形如 $(2\pi m,$

$2\pi m + \dfrac{\pi}{2})$ 的各个区间的并集, B 是形如

$(2\pi m + \dfrac{\pi}{2}, 2\pi m + \pi)$ 的各个区间的并集, 其

中 m 是整数. 利用以上事实, 可以推导出 A 与 B 都包含数列 $\{b_i\}$ 的无限多项. 但是, 若 b_k 属于 A, 则 $a_k = \tan b_k > 0$, 若 b_j 属于 B, 则 $a_j = \tan b_j < 0$.

注 当然, 证法 2 比证法 1 更加"科学", 要求具有一定的分析学知识. 但是, 它是优美的, 难道不是吗?

很多竞赛中的组合问题的解决有时也依赖于三角技巧的加持. 比如:

题目 3 证明: B 和 W 的面积之差只与 b, w 的选取有关, 而与正 $2n$ 边形中黑、白木棒的顺序无关. (2022 年美国数学奥林匹克(高中组) 试题)

引理 设凸 $n(n \geqslant 3)$ 边形的顶点按逆时针方向排列依次为 $A_1, A_2, \cdots, A_n$. 点 A_i 的坐标为 (x_i, y_i), $i = 1, 2, \cdots, n$, 则该凸 n 边形的面积为

$$\frac{1}{2}\sum_{k=1}^{n}(x_k y_{k+1} - x_{k+1} y_k)$$

其中 $x_{n+1} = x_1, y_{n+1} = y_1$.

证明　先定义有向三角形——平面上不共线的三点 A, B, C 可有两种顺序，若三点按逆时针方向排列，则称 $\triangle ABC$ 为正向三角形；若三点按顺时针方向排列，则称 $\triangle ABC$ 为负向三角形. 用 $S(ABC)$ 表示有向 $\triangle ABC$ 的面积.

设 O 是坐标原点. 则凸 n 边形 A_1, $A_2, \cdots, A_n$ 的面积为

$$\sum_{k=1}^{n} S(OA_k A_{k+1}) = \sum_{k=1}^{n} \frac{1}{2} \begin{vmatrix} x_k & y_k \\ x_{k+1} & y_{k+1} \end{vmatrix}$$

$$= \frac{1}{2} \sum_{k=1}^{n} (x_k y_{k+1} - x_{k+1} y_k)$$

回到本题，对于原来的正 $2n$ 边形，设其顶点按逆时针方向排列依次为 $A_1, A_2, \cdots,$ A_{2n}. 不妨设相邻的两边 $A_1 A_2, A_2 A_3$ 异色. $A_1 A_2$ 为黑色，$A_2 A_3$ 为白色. 以 A_1 为原点，$A_1 A_2$ 为 x 轴的正半轴，建立直角坐标系，且点 A_3, $A_4, \cdots, A_{2n}$ 在第一、二象限内.

接着，对正 $2n$ 边形中非 $A_1 A_2$ 的黑边进行平移，得到凸 $2b$ 边形 B，该图形过点 $A_1(0, 0)$，且对边平行.

设图形 B 的顶点从 A_1 起按逆时针方向坐标依次为

$$(0, 0)(\cos \alpha_1, \sin \alpha_1),$$
$$(\cos \alpha_1 + \cos \alpha_2, \sin \alpha_1 + \sin \alpha_2)$$
$$\vdots$$
$$(\cos \alpha_1 + \cos \alpha_2 + \cdots + \cos \alpha_{b-1},$$

$$\sin \alpha_1 + \sin \alpha_2 + \cdots + \sin \alpha_{b-1})$$

$$(\cos \alpha_1 + \cos \alpha_2 + \cdots + \cos \alpha_b,$$

$$\sin \alpha_1 + \sin \alpha_2 + \cdots + \sin \alpha_b)$$

$$(\cos \alpha_2 + \cos \alpha_3 + \cdots + \cos \alpha_b,$$

$$\sin \alpha_2 + \sin \alpha_3 + \cdots + \sin \alpha_b)$$

$$\vdots$$

$$(\cos \alpha_b, \sin \alpha_b)$$

其中 $\alpha_1, \alpha_2, \cdots, \alpha_b$ 是黑边与 x 轴正半轴的夹角，$0 = \alpha_1 < \alpha_2 < \cdots < \alpha_b$.

由引理得 B 的面积

$$S_B = \sum_{1 \leqslant i < j \leqslant b} \sin(\alpha_j - \alpha_i)$$

$$= \sum_{j=2}^{b} \sin \alpha_j + \sum_{2 \leqslant i < j \leqslant b} \sin(\alpha_j - \alpha_i)$$

同样对正 $2n$ 边形中的白边进行平移，其中白边 $A_2 A_3$ 沿 $\overrightarrow{A_2 A_1}$ 平移，使得 $A_2 \to A_1$，得到凸 $2w$ 边形 W. 该图形过点 $A_1(0,0)$，且对边平行，设图形 W 的顶点从 A_1 起按逆时针方向坐标依次为

$$(0,0)(\cos \beta_1, \sin \beta_1),$$

$$(\cos \beta_1 + \cos \beta_2, \sin \beta_1 + \sin \beta_2)$$

$$\vdots$$

$$(\cos \beta_1 + \cos \beta_2 + \cdots + \cos \beta_w,$$

$$\sin \beta_1 + \sin \beta_2 + \cdots + \sin \beta_w)$$

$$(\cos \beta_2 + \cos \beta_3 + \cdots + \cos \beta_w,$$

$$\sin \beta_2 + \sin \beta_3 + \cdots + \sin \beta_w)$$

$$\vdots$$

$$(\cos \beta_w, \sin \beta_w)$$

其中,$\beta_1,\beta_2,\cdots,\beta_w$ 是白边与 x 轴正半轴的夹

角,$\dfrac{\pi}{n} = \beta_1 < \beta_2 < \cdots < \beta_w$,于是

$$\{\alpha_1,\alpha_2,\cdots,\alpha_b,\beta_1,\beta_2,\cdots,\beta_w\}$$

$$= \left\{0,\frac{\pi}{n},\frac{2\pi}{n},\cdots,\frac{(n-1)\pi}{n}\right\}$$

由引理得 W 的面积

$$S_W = \sum_{1 \leqslant i < j \leqslant w} \sin(\beta_j - \beta_i)$$

$$= \sum_{j=2}^{w} \sin\left(\beta_j - \frac{\pi}{n}\right) +$$

$$\sum_{2 \leqslant i < j \leqslant w} \sin(\beta_j - \beta_i)$$

记 $f = S_B - S_W$.

然后,将 A_1A_2 变为白边,A_2A_3 变为黑边,其余边的颜色不变. 黑边平移后得到凸 $2b$ 边形 B',白边平移后得到凸 $2w$ 边形 W'.

令 $\alpha'_1 = \dfrac{\pi}{n},\alpha'_i = \alpha_i(2 \leqslant i \leqslant b),\beta'_1 = 0$,

$\beta'_j = \beta_j(2 \leqslant i \leqslant w)$.

同前述可得 B' 的面积

$$S_{B'} = \sum_{1 \leqslant i < j \leqslant b} \sin(\alpha'_j - \alpha'_i)$$

$$= \sum_{j=2}^{b} \sin\left(\alpha_j - \frac{\pi}{n}\right) + \sum_{2 \leqslant i < j \leqslant b} \sin(\alpha_j - \alpha_i)$$

W' 的面积

$$S_{W'} = \sum_{1 \leqslant i < j \leqslant w} \sin(\beta'_j - \beta'_i)$$

$$= \sum_{j=2}^{w} \sin\beta_j + \sum_{2 \leqslant i < j \leqslant w} \sin(\beta_j - \beta_i)$$

记 $f' = S_{B'} - S_{W'}$,则

三角函数

$$f - f' = \sum_{j=2}^{b} \left(\sin \alpha_j - \sin\left(\alpha_j - \frac{\pi}{n}\right) \right) +$$

$$\sum_{j=2}^{w} \left(\sin \beta_j - \sin\left(\beta_j - \frac{\pi}{n}\right) \right)$$

$$= 2\sin\frac{\pi}{2n}\left(\sum_{j=2}^{b} \cos\left(\alpha_j - \frac{\pi}{2n}\right) + \right.$$

$$\left. \sum_{j=2}^{w} \cos\left(\beta_j - \frac{\pi}{2n}\right) \right)$$

$$= 2\sin\frac{\pi}{2n} \sum_{k=2}^{n-1} \cos\left(\frac{k\pi}{n} - \frac{\pi}{2n}\right)$$

$$= 2\sin\frac{\pi}{2n} \sum_{k=2}^{n-1} \cos\frac{(2k-1)\pi}{2n}$$

设 $\varepsilon = \cos\dfrac{\pi}{2n} + \mathrm{i}\sin\dfrac{\pi}{2n}$，则 $\varepsilon^{2n} = -1$

$$\sum_{k=2}^{n-1} \cos\frac{(2k-1)\pi}{2n} = \mathrm{Re}\left(\sum_{k=2}^{n-1} \varepsilon^{2k-1} \right)$$

$$= \mathrm{Re}\left(\frac{\varepsilon^3 - \varepsilon^{2n-1}}{1 - \varepsilon^2} \right)$$

$$= \mathrm{Re}\left(\frac{\varepsilon^3 + \dfrac{1}{\varepsilon}}{1 - \varepsilon^2} \right)$$

因为

$$\overline{\frac{\varepsilon^3 + \dfrac{1}{\varepsilon}}{1 - \varepsilon^2}} = \frac{\overline{\varepsilon^3} + \overline{\dfrac{1}{\varepsilon}}}{1 - \overline{\varepsilon^2}} = \frac{\dfrac{1}{\varepsilon^3} + \varepsilon}{1 - \dfrac{1}{\varepsilon^2}} = \frac{\dfrac{1}{\varepsilon} + \varepsilon^3}{\varepsilon^2 - 1}$$

$$= -\frac{\varepsilon^3 + \dfrac{1}{\varepsilon}}{1 - \varepsilon^2}$$

所以

$$\text{Re}\left(\frac{\varepsilon^2 + \dfrac{1}{\varepsilon}}{1 - \varepsilon^2}\right) = 0$$

即

$$\sum_{k=2}^{n-1} \cos \frac{(2k-1)\pi}{2n} = 0$$

亦即 $f = f'$.

故 f 是定值, B 和 W 的面积之差只与 b,w 的选取有关, 而与正 $2n$ 边形中黑、白木棒的顺序无关.

华东师范大学数学科学学院的朱轶萱, 汪晓勤两位教授最近发表的一篇题为《三角学定义的历史演变》的文章可以弥补, 引于后:

1. 引　言

三角学源起于天文研究, 后成为航海、实地测量的有力工具. 16 世纪, 法国数学家韦达(F. Viète, 1540—1603) 将代数方法引入三角学, 使其成为一门更完善的学科. 之后, 伴随着三角学的分析化, 这门学科开始在物理领域崭露头角, 如法国数学家傅里叶(J. Fourier, 1768—1830) 运用三角级数解决了物理学中的弦振动和热传导问题, 三角学由此成了反映现实世界运动变化规律的重要工具.

今天, 三角学在中学课程中依然占据相

当大的比重. 在《义务教育数学课程标准(2022 年版)》中,锐角三角函数的相关内容隶属于图形与几何领域下的"图形的相似"章节①;而在《普通高中数学课程标准(2017 年版 2020 年修订)》中,三角相关内容分布于两条不同的主线:其一,位于函数主线,在建立任意角三角函数概念的基础上,研究同角三角函数关系、函数的图像与性质、三角恒等变换等;其二,位于几何与代数主线,要求学生借助向量探索正、余弦定理,并将其用于三角形的求解②. 后者与初中利用锐角三角函数解直角三角形的思想一脉相承,属于几何范畴;而前者则将三角学从静态的解三角形的天地中解放出来,以函数的视角来处理有关问题.

已有研究表明,高中生学习任意角三角函数概念时,常常因为受到初中学习的锐角三角比概念原型的负迁移影响,混淆三角函数定义法,导致知识割裂、解题思路不清③. 可见,教师需要帮助学生建立对三角学内容的整体理解,这就要求教师自身具备良好的面向教学的数学知识(MKT). 为此,教师需

---

① 中华人民共和国教育部. 义务教育数学课程标准(2022 年版)[S]. 北京:北京师范大学出版社,2022:69.

② 中华人民共和国教育部. 普通高中数学课程标准(2017 年版 2020 年修订)[S]. 北京:人民教育出版社,2020:21-26.

③ 陈晓娅. 高中生三角函数概念理解水平调查研究[D]. 天津:天津师范大学,2021:3.

要深刻理解三角学的历史知识①.

张奠宙先生曾指出:"当前的数学教学往往局限于概念、定理和思想等局部历史的介绍,缺乏宏观历史进程的综合性描述,而这才是揭示数学含义,加深数学知识文化理解的关键所在."鉴于此,本文对1706 ~ 1958年间出版的81种美英三角学教科书进行考察,对其中的三角学定义加以分类,并分析其演变过程,为今日课堂教学提供数学启迪.

2. 三角学定义的分类

德国数学家汉克尔(H. Hankel, 1839—1873)曾说:"在大多数学科里,一代人的建筑被下一代人所摧毁,一个人的创造被另一个人所破坏,唯独数学,每一代人都在古老的大厦上添加一层楼."早期教科书中对"三角学"的定义可分为三个阶段,每后一阶段的定义建立在前一阶段的基础之上.

2.1 追本溯源:隶属几何分支

15世纪,德国数学家雷格蒙塔努斯(J. Regiomontanus,1436—1476)《论各种三角形》的问世,标志着三角学正式成为一门独立的学科.在之后的很长一段时间内,三角学

① 徐章韬,顾泠沅.师范生课程与内容的知识之调查研究[J].数学教育学报,2014,23(2):1-5.

都被视为几何学的一个分支.38 种教科书据此给出了三角学的定义,这些定义又可分为三类:解三角形定义、线段关系定义和三角形边角关系定义.其中第一类侧重于利用三角形性质解决问题,第二类揭示了当时三角学研究的基本对象,第三类则关注三角形性质本身.部分教科书同时给出了多种定义.

2.1.1　解三角形定义

三角学(trigonometry)一词是由古希腊字母"tri(三)""gonia"(角)和"metron"(测量)组合而成,德国数学家毕蒂克斯(B. Pitiscus,1561—1613)首先使用这个词,意指三角形求解和三角计算,三角学的第一种定义应运而生.30 种教科书(34.04%)采用了这种定义.

马塞雷斯(Maseres)称:"三角学,顾名思义,指的是三角形的测量,其目的是已知三角形的边求角,或已知三角形的角求边或边的比,或已知三角形的一些边和角求其他边和角."[1]尤因(Ewing)则给出了更具体的说明:"一个平面三角形有六个元素(三边和三角),其中任意三者已知(除了三个角的情形),其余元素均可求出,在所有可能的情况

---

① Maseres F. Elements of Plane Trigonometry[M]. London：T. Parker, 1760：19.

下实施上述过程的方法称为三角学."①

2.1.2 线段关系定义

尼古拉斯(Nichols)给出如下定义:"三角学是一般几何学的一个分支,它研究圆内外某些线段的性质和相互关系,也教人们用一套三角公式计算三角形的边和角."②这种定义从理论角度出发,解释当时三角学研究的基本对象.显然,此时教科书采用的是三角函数的线段定义.7种教科书(8.64%)采用了这种定义.

2.1.3 三角形边角关系定义

还有4种教科书(4.93%)聚焦三角形性质,而不是质的应用.唐纳(Donne)指出:"三角学是研究三角形性质的科学或理论."③斯科菲尔德(Scholfield)则给出如下定义:"平面三角学是研究平面三角形边角关系的科学."④三角学的加入使过去几何学中研究的边角关系理论得以完善,因而被当时的数学家纳入几何范畴也就顺理成章了.

---

① Ewing A. A Synopsis of Practical Mathematics[M]. Edinburgh: William Smellie & Co. , 1771:33.

② Nichols F. A Treatise on Plane and Spherical Trigonometry[M]. Philadelphia: F. Nichols, 1811:4.

③ Donne B. An Essay on the Elements of Plane Trigonometry[M]. London: B. Law & J. Johnson, 1775:1.

④ Scholfield N. Higher Geometry and Trigonometry[M]. New York: Collins, Brother & Co. , 1845:27.

2.2　与时俱进：融入代数、微积分工具

随着代数符号的兴起和解析几何、微积分的发展，早期教科书开始兼容并包地将其他数学分支最先进的工具用于三角学的研究. 一方面，为许多定理、公式的推导与证明开辟了更简洁巧妙的途径；另一方面，也在悄然扩大三角学研究的范围. 这一变化也在三角学定义中有所体现，这些定义又可分为两类.

2.2.1　基于几何的发展性定义

第一种定义的特点是依旧承认几何的核心地位，但能够利用其他分支的一些优势. 如格雷戈里（Gregory）在给出解三角形定义的同时又指出：“但近年来，欧洲数学家普遍采用了另一种方法，由欧拉（Euler）率先提出，它是分析性质的. 正弦、正切等的性质和相互关系可以由几个简单的等式来定义，……其他所有可能使用的定理和公式，只需对原始等式进行简化和变换，就可以非常方便地推导出来. 这种方法大大缩短了几乎所有的三角研究，除了一些处于科学基础的东西.”这说明了利用比值定义的高效性. 书中承认，这种方法在当时仍存在巨大争议：“本书可能会落到有些人的手中，他们不会像完全采用几何学方法那样认可它. 这种偏见虽然正

在减弱,但仍然存在于一些可敬的数学家的头脑中". 由此可窥见数学知识传播的滞后性,尽管与当时的信息闭塞不无关系,但也说明了许多天才般的数学成就,常常在一时不被认可,需要给予社会漫长的时间去理解与消化.

此外,作者也论证了这种处理方法的优越性,可归纳为两点:

第一,它更简明,因此可以扩展到更大的数量和维度,而这单纯运用几何方法是很难做到的. 此外,巧妙地运用代数换元法,可以得到一些优美的公式或结论. 以作者书中的一段公式推演为例:设

$$2\cos A = z + \frac{1}{z}$$

由二倍角公式可得

$$2\cos 2A = 2(2\cos^2 A - 1) = z^2 + \frac{1}{z^2}$$

继续算下去会得到一个奇妙而优雅的结论

$$2\cos nA = z^n + \frac{1}{z^n}$$

这个结论还可以用于推导余弦和公式

$$\cos A + \cos 2A + \cos 3A + \cdots + \cos nA$$

$$= \frac{1}{2}(z + z^2 + \cdots + z^n) +$$

$$\frac{1}{2}\left(\frac{1}{z} + \frac{1}{z^2} + \cdots + \frac{1}{z^n}\right)$$

$$= \frac{1}{2}\left(\frac{z^{n+1} - z}{z - 1} + \frac{z^n - 1}{z^n(z - 1)}\right)$$

最终经过适当化简得到

$$\cos A + \cos 2A + \cos 3A + \cdots + \cos nA$$

$$= \frac{\sin \dfrac{n}{2}A\cos \dfrac{n+1}{2}A}{\sin \dfrac{A}{2}}$$

第二,这种方法更具有统一性和普遍性,相似的原理或可用于一系列定理的推导.而通常使用的几何方法,无论多么令人信服和优雅,对一个定理或结论的证明可能并没有丝毫的相似性.如一些在几何世界里需要重新构造图形证得的结论,有时利用简单的代数变换便可得到[1].

表1给出了几何发展性定义的其他典型例子[2][3][4][5].

---

[1] Gregory O. Elements of Plane and Spherical Trigonometry [M]. London: Baldwin, Cradock & Joy, 1816:1.

[2] De Morgan A. Elements of Trigonometry and Trigonometry Analysis[M]. London: Taylor & Walton, 1837:19.

[3] Airy G B. A Treatise on Trigonometry[M]. London & Glasgow: Richard Griffin & Co. , 1855:8.

[4] Newcomb S. Elements of Plane and Spherical Trigonometry[M]. New York: Henry Holt & Co. , 1882:15.

[5] Wells W. The Essentials of Plane and Spherical Trigonometry[M]. Boston & New York: Leach, Shewell & Sanborn, 1887:19.

表1　基于几何发展性定义的典型例子

数学家	定义叙述
德·摩根 （De Morgan）	三角学是代数应用于几何的一个分支,指的是在所有涉及边与角的关系的情况下,一般利用三角形的性质进行测量,而不仅仅是边,也不仅仅是角,还包括在高等数学中有用的各种测量结果
艾利 （Airy）	三角学是研究三角形的一个数学分支,是算术在几何上的应用
纽科姆 （Newcomh）	三角学是用代数方法处理线段与角之间关系的几何学分支
威尔斯 （Wells）	三角学是数学的一个分支,它用代数过程来处理几何图形的性质和测量

2.2.2　超越几何的定义

随着时间的推移,三角学的几何属性逐渐被弱化.例如,惠勒(Wheeler)认为:"三角学,最初只是一种通过数值计算测量三角形的方法.这种方法涉及特定角函数的运用,我们称之为三角函数.现代三角学主要是关于这些函数最一般关系的完整理论,而三角形的测量则被简化为该理论的一个分支或应用."①

---

① H N Wheeler. The Elements of Plane Trigonometry[M]. Boston: Ginn & Heath, 1878:19.

甚至在有些教科书中还出现了否定三角学几何属性的迹象. 拉德纳(Lardner) 认为："三角学的本质是分析. 除相似三角形边的比例外,它没有借用几何学的任何原理,甚至这种性质,用分析的语言也许比用几何学的术语更简单、清楚. 这门科学的一切成果都与数值计算相关,有些过程无疑是可以用几何形式表示的,但在许多情况下,情况并非如此."作者试图利用代数、分析工具建立一个高度理论化的三角学体系,却狭隘地认为三角学在几何测量方面的实用价值已成昨日黄花,对其避而不谈:"无论它更遥远的用途有多么广泛和多样,它的直接目的是建立一种符号系统和原则,根据这些原则,角的大小可以用于计算,并且角之间可以利用公式联系起来,以研究它们的相互关系."作者希望直接利用代数、分析建构三角学严密的上层结构,而完全否定几何的优势:"分析学在这些国家终于作为数学教育的基本组成部分获得了关注,其重要性不言而喻. 即将学习三角学的学生现在基本上已经掌握了代数的相关知识,而迄今为止认为用几何方法处理这些问题是有利的原因已经不复存在了."①

① Lardner D. An Analytic Treatise on Plane and Spherical Trigonometry[M]. London: John Taylor, 1826:13-16.

2.3 焕然一新:走向分析时代

随着分析学的蓬勃发展,25 种早期教科书(30.86%)开始从函数的视角研究任意角的三角函数,包括其图像和性质,并进一步利用这种具有特殊周期性的函数研究物理学中的规律现象.

例如,尼克松(Nixon)指出:"在近代发展起来的三角学,是研究周期幅值的数学表示的科学 —— 周期幅值交替地增大到最大值,然后减小到最小值,并如此循环往复."①

温特沃斯(Wentworth)对三角学本质的形容也颇值得回味:"这个分支虽然使用数字,但其内容大多与数字无关;虽然使用方程,但并不致力于方程;虽然自由地利用几何事实,但有时又不涉及几何形式的研究."②

随着三角学的成熟化,更多教科书对这门学科的定义日臻完善,能够客观地认识三角学的发展历程与研究对象,此时的定义已经与三角学的现代定义并无二致.

伟烈亚力(Wylie)指出:"尽管我们可以

---

① Nixon R C J. Elementary Plane Trigonometry[M]. Oxford: The Clarendon Press, 1892:25.

② Wentworth G A, Smith D E. Plane Trigonometry[M]. Boston: Ginn & Company, 1914:1.

在不涉及任何角或三角形的情况下学习所有的三角函数,但如果在基础课程中遵循这种夸张的、完全理论化的方法,那肯定是不可取的. 然而,当我们用传统的几何方法来研究这一课题时,我们也不能够忽视这样一个事实,即三角函数最终不过是利用某些特定的关系或函数,将变量联系起来,这些变量除用几何语言来解释外,还可以被赋予许多其他有用的意义."① 客观而又不失前瞻性的语言仿佛是对上文拉德纳观点强有力的回应. 这一阶段的其他典型例子见表2. ②③④

表2   走向分析的三角学定义的典型例子

数学家	定义
戴维斯 & 钱伯斯 (Davis & Chambers)	作者努力在计算三角学和分析三角学之间保持适当的平衡,计算三角学本身就是一个目的,而分析三角学则是学生学习更高级的数学时不可缺少的

①　Wylie C R. Plane Trigonometry[M]. New York:McGraw-Hill Book Company, 1955:15.

②　Davis H A, Chambers L H. Brief Course in Plane and Spherical Trigonometry[M]. New York:American Book Company, 1933:20.

③　Hardy J G. A Short Course in Trigonometry[M]. New York:The Macmillan Co. , 1938:15.

④　Smail L L. Trigonometry, Plane and Spherical[M]. New York:McGraw-Hill Book Company, 1952:15.

续表2

数学家	定义
哈代 （Hardy）	现在，三角学研究的是某些比率，称为三角函数；这些函数的应用有两个目的：一是求解三角形，二是发展其他数学分支以及物理学、力学和工程学所需的工具．重点可能从这些函数的一种用法转移到另一种用法，这取决于学习三角函数的目的
斯迈尔 （Smail）	虽然三角形的解是现代三角学的重要组成部分，但它绝不是唯一的部分，甚至不是最重要的部分．在解三角形方法的发展过程中，会出现一些角函数，而研究这些角函数的性质及其在各种数学问题中的应用，包括三角形的求解，构成了三角学的主题．而后来，这些函数又代表了周期函数的最简单类型，成为科学和工程中研究各种周期现象的天然基础

3. 三角学定义的演变

　　由上述分析可知，早期教科书定义三角学的角度各不相同，或侧重学科价值，或侧重理论范式．图1以20年为单位，展示了早期教科书中三角学定义的演变情况．

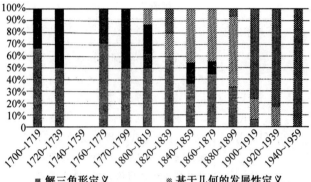

图例：
- ▦ 解三角形定义
- ▪ 三角形边角关系定义
- ■ 线段关系定义
- ▨ 基于几何的发展性定义
- ▧ 超越几何的定义
- ▩ 走向分析的定义

图1 早期教科书中三角学定义的演变情况

从图1可知,18世纪的三角学完全隶属于几何分支,呈现出"执几何工具研究,为几何测量服务"的特点.19世纪往后,各数学分支开始渗透三角学.新兴的代数、解析几何、分析学工具一方面为许多三角公式、定理的证明提供了更简洁、优美的方法,另一方面也开拓了三角学的研究范围.20世纪之后,以函数思想为主导、走向分析学的三角学定义占据了统治地位.可以从两方面探讨其原因:就数学内容而言,欧拉在《无穷小分析引论》中对三角学进行了开创性的改革,比值定义、单位圆、弧度制等的引入为三角学研究奠定了坚实的理论基础;就数学外部而言,数学对于描述我们周围物理世界的重要性日益增加,人们对周期运动规律的不懈探索是推动三角学分析化的根本原因.

4. 结论与启示

早期教科书中三角学定义的演变折射出了三角学的发展历程,这也为今日三角学相关内容的教学提供了一定的历史素材与思想启迪.

其一,构建三角网络.三角学的主要内容如今已分散于中学教学的不同阶段,可分为几何视角的解三角形主线和分析视角的函数主线.早期教科书中几何定义到分析定义中间的漫长过渡更加印证了学生在经历两条主线的切换时很容易产生认知困区:初中所学的锐角三角函数与高中所学的任意角三角函数究竟有何区别与联系? 教师可以将历史重构式地融入序言课和单元复习课教学,帮助学生构建三角学的知识脉络,如图2所示.

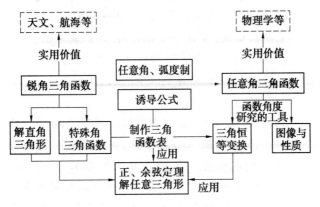

图2 三角学知识脉络图

217

其二,建立学科联系.除了几何和分析主线之外,三角学的发展还离不开代数、解析几何的推动.因此,三角学可以成为一架沟通各数学分支的桥梁.在课堂教学中,教师应注重挖掘知识之间的联系,使学生体会到数学的整体性.此外,数学家对同一公式、定理证明的不断推陈出新亦是很好的教学素材,教师可以带领尝试比对各种方法的异同与优劣.

其三,深化知识理解.以人教A版高中教材中的"三角恒等变换"为例,其位于"三角函数的图像与性质"一节之后,书中首先在单位圆中利用圆的旋转对称性和两点间距离公式得到差角余弦公式,再由此推导出其他恒等式.这种方法简洁优美,但似乎缺乏自然,也难免引起学生对其必要性的困惑.事实上,早在古希腊时代,托勒密(C. Ptolemy,约85—约165)就已经为编制弦表而运用几何方法推导了和差角公式.教师若先能从其历史动机出发,带领学生悟其渊源、品其方法,再过渡到其他更简洁的现代证法,定能激发学习动力,促进学生的理解.

最近,清华大学彭凯平教授追踪调查了30万中小学生,发现普遍存在"四无"现象,即学习无动力,对真实世界无兴趣,社交无能力,生命无意义感.

其根源是多方面的.许多涉及社会以及家庭教育的问题多说无益,也解决不了.但反省中学数学教材自身的无体系、乏深度、欠趣味、少背景倒是值得同行深

思.

好在自媒体时代,投入教研的人数众多,出现了一些有益处的探索.

如网名为梦泽蒹葭的网友在 2024 年 8 月 17 日写的一篇题为《得到正弦、余弦函数幂级数展开式的另一种方法》的网文就是很好的探索.

大家想必很熟悉正弦、余弦函数的幂级数展开式

$$\sin x = x - \frac{x^3}{3!} + \frac{x^5}{5!} - \frac{x^7}{7!} + \cdots \quad (1)$$

$$\cos x = 1 - \frac{x^2}{2!} + \frac{x^4}{4!} - \frac{x^6}{6!} + \cdots \quad (2)$$

对一切 x 都成立.

这两个式子非常重要,特别是当 x 非常小时,可以用于近似计算 $\sin x, \cos x$. 这两个式子是如何得到的? 当然,它们是泰勒公式的特殊情形,直接套用泰勒公式就可以得出 (1)(2) 两式,在这里介绍一种通过求定积分来写出正、余弦函数的幂级数展开式的方法.

先说结论:正、余弦函数的幂级数展开式只是如下两个等式的简单推论

$$\int_0^x \sin u\, du = 1 - \cos x \quad (3)$$

$$\int_0^x \cos u\, du = \sin x \quad (4)$$

为说明这一点,只需从简单的不等式

$$\cos x \leqslant 1$$

出发,在不等号两端都从 0 到 x 积分,这里暂

且令 x 表示任意确定的正数, 直接用式(4) 可得

$$\sin x \leqslant x$$

第一步推出的这个式子也都很熟悉, 当 $x \geqslant 1$ 时, 它显然成立; 若 $x < 1$, 它表示弧度制下一个角大于它的正弦值. 再次做同样的积分, 直接用式(3) 得

$$1 - \cos x \leqslant \frac{x^2}{2}$$

也就是

$$\cos x \geqslant 1 - \frac{x^2}{2}$$

再一次做同样的积分, 由式(4) 得

$$\sin x \geqslant x - \frac{x^3}{2 \times 3} = x - \frac{x^3}{3!}$$

就这样无限地进行下去, 容易得到如下两组不等式

$$\sin x \leqslant x$$

$$\sin x \geqslant x - \frac{x^3}{3!}$$

$$\sin x \leqslant x - \frac{x^3}{3!} + \frac{x^5}{5!}$$

$$\sin x \geqslant x - \frac{x^3}{3!} + \frac{x^5}{5!} - \frac{x^7}{7!}$$

$$\cdots$$

$$\cos x \leqslant 1$$

$$\cos x \geqslant 1 - \frac{x^2}{2!}$$

$$\cos x \leqslant 1 - \frac{x^2}{2!} + \frac{x^4}{4!}$$

$$\cos x \geqslant 1 - \frac{x^2}{2!} + \frac{x^4}{4!} - \frac{x^6}{6!}$$

$$\cdots$$

观察这两组不等式,我们只要能证明,当 $n \rightarrow \infty$ 时

$$\frac{x^n}{n!} \rightarrow 0 \qquad\qquad (5)$$

也就证明了式(1)(2),(为什么?)这并不困难,只需选取一个固定的整数 m,使 $\frac{x}{m} < \frac{1}{2}$,并记

$$C = \frac{x^m}{m!}$$

对于任意整数 $n > m$,令 $n = m + r$,则

$$0 < \frac{x^n}{n!} = C \cdot \frac{x}{m+1} \cdot \frac{x}{m+2} \cdot \cdots \cdot \frac{x}{m+r}$$

$$< C\left(\frac{1}{2}\right)^r$$

而当 $n \rightarrow \infty$ 时,$r \rightarrow \infty$,因而

$$C\left(\frac{1}{2}\right)^r \rightarrow 0$$

(5)得证.

如果 $x < 0$,只需对 $-x$ 重复上述证明过程,容易发现,最后将 $-x$ 换成 x 仍然得到式(1)(2).

就这样,通过交替求定积分,我们就像"上楼梯"一样很轻松地得到了正弦、余弦函数的幂级数展开式,这"楼梯台阶"递升时那舒缓的节律和幂级数之"级"完美呼应,无疑

远比套用泰勒公式展开的过程精妙、优美.

我们还想补充说明一个问题：你是否想过三角函数表是怎么算出来的？就正弦、余弦函数表来说，我们可以直接利用式(1)(2)的一个很好的性质进行计算：当$|x| \leqslant 1$时，这两个级数无论从哪一项截断，其误差就绝对值来说都不会超过被舍去部分的第一项. 为什么？作为一道思考题留给读者，提示一下：这两个级数的各项交错变号，且当$|x| \leqslant 1$时，各项的绝对值是递减的.

我们来看一下如何求$1°$角的正弦值. $1°$无非是$\pi/180$弧度，由式(1)得

$$\sin\frac{\pi}{180} = \frac{\pi}{180} - \frac{1}{6}\left(\frac{\pi}{180}\right)^3 + \cdots$$

如果等号右边只取前两项，由上述性质，截断后的误差不超过

$$\frac{1}{120}\left(\frac{\pi}{180}\right)^5$$

也就是误差小于$0.000\,000\,000\,02$，所以由前两项算出

$$\sin 1° = 0.017\,452\,406\,4$$

可以精确到小数点后10位数

$$\cos x = 1 - \frac{x^2}{2!} + \frac{x^4}{4!} + \cdots$$

$$\sin x = x - \frac{x^3}{3!} + \frac{x^5}{5!} + \cdots$$

早在中国的近古时期就有所谓"割圆八线表"，利用幂级数展开式是计算三角函数表的重要方法.

本书也可作为已考上大学,但三角技巧严重训练不足的大学生回炉阅读.否则在做如下考研试题时也会遇到障碍.

题目4 设 $f(x)$ 在 $[0,\pi]$ 上连续,并且有平方可积的导函数 $f'(x)$,如果下列情形:①$\int_0^\pi f(x)\mathrm{d}x = 0$,②$f(0) = f(\pi) = 0$ 中有一个成立,则

$$\int_0^\pi [f'(x)]^2\mathrm{d}x \geqslant \int_0^\pi [f(x)]^2\mathrm{d}x$$

而且在情形① 中,只当 $f(x) = A\cos x$ 时等号成立;在情形② 中,只当 $f(x) = B\sin x$ 时等号成立.

证明 ① 将 $f(x)$ 作偶开拓,在 $[0,\pi]$ 上展开为余弦级数,所设条件给出 $a_0 = 0$,所以,可假设

$$f(x) \sim \sum_{n=1}^\infty a_n \cos nx$$

根据 $f(x)$ 的连续性及 $f(-\pi) = f(\pi)$,我们有

$$f'(x) \sim -\sum_{n=1}^\infty na_n\sin nx$$

根据帕塞瓦(Parseval) 等式有

$$\frac{2}{\pi}\int_0^\pi [f(x)]^2\mathrm{d}x = \sum_{n=1}^\infty a_n^2$$

$$\frac{2}{\pi}\int_0^\pi [f'(x)]^2\mathrm{d}x = \sum_{n=1}^\infty n^2 a_n^2$$

因此

$$\int_0^\pi [f'(x)]^2 \mathrm{d}x \geq \int_0^\pi [f(x)]^2 \mathrm{d}x$$

且仅当 $a_k = 0 (k \geq 2)$ 时,等号成立,即仅当

$f(x) = a_1 \cos x$ 时,等号成立.

②将 $f(x)$ 作奇开拓,并类似于情形 ①

得到结论.

最近几年,由于不可抗因素我们都不容易,而今出版业更是一片寒意. 这使笔者不由想起俄国作家陀思妥耶夫斯基的一句名言:

我唯一担心的是我们明天的生活能否配得上今天的苦难.

刘培志

2024 年 9 月 30 日

于哈工大

刘培杰数学工作室

已出版(即将出版)图书目录——初等数学

书　　名	出版时间	定　价	编号
新编中学数学解题方法全书(高中版)上卷(第2版)	2018－08	58.00	951
新编中学数学解题方法全书(高中版)中卷(第2版)	2018－08	68.00	952
新编中学数学解题方法全书(高中版)下卷(一)(第2版)	2018－08	58.00	953
新编中学数学解题方法全书(高中版)下卷(二)(第2版)	2018－08	58.00	954
新编中学数学解题方法全书(高中版)下卷(三)(第2版)	2018－08	68.00	955
新编中学数学解题方法全书(初中版)上卷	2008－01	28.00	29
新编中学数学解题方法全书(初中版)中卷	2010－07	38.00	75
新编中学数学解题方法全书(高考复习卷)	2010－01	48.00	67
新编中学数学解题方法全书(高考真题卷)	2010－01	38.00	62
新编中学数学解题方法全书(高考精华卷)	2011－03	68.00	118
新编平面解析几何解题方法全书(专题讲座卷)	2010－01	18.00	61
新编中学数学解题方法全书(自主招生卷)	2013－08	88.00	261
数学奥林匹克与数学文化(第一辑)	2006－05	48.00	4
数学奥林匹克与数学文化(第二辑)(竞赛卷)	2008－01	48.00	19
数学奥林匹克与数学文化(第二辑)(文化卷)	2008－07	58.00	36′
数学奥林匹克与数学文化(第三辑)(竞赛卷)	2010－01	48.00	59
数学奥林匹克与数学文化(第四辑)(竞赛卷)	2011－08	58.00	87
数学奥林匹克与数学文化(第五辑)	2015－06	98.00	370
世界著名平面几何经典著作钩沉——几何作图专题卷(共3卷)	2022－01	198.00	1460
世界著名平面几何经典著作钩沉(民国平面几何老课本)	2011－03	38.00	113
世界著名平面几何经典著作钩沉(建国初期平面三角老课本)	2015－08	38.00	507
世界著名解析几何经典著作钩沉——平面解析几何卷	2014－01	38.00	264
世界著名数论经典著作钩沉(算术卷)	2012－01	28.00	125
世界著名数学经典著作钩沉——立体几何卷	2011－02	28.00	88
世界著名三角学经典著作钩沉(平面三角卷Ⅰ)	2010－06	28.00	69
世界著名三角学经典著作钩沉(平面三角卷Ⅱ)	2011－01	38.00	78
世界著名初等数论经典著作钩沉(理论和实用算术卷)	2011－07	38.00	126
世界著名几何经典著作钩沉(解析几何卷)	2022－10	68.00	1564
发展你的空间想象力(第3版)	2021－01	98.00	1464
空间想象力进阶	2019－05	68.00	1062
走向国际数学奥林匹克的平面几何试题诠释.第1卷	2019－07	88.00	1043
走向国际数学奥林匹克的平面几何试题诠释.第2卷	2019－09	78.00	1044
走向国际数学奥林匹克的平面几何试题诠释.第3卷	2019－03	78.00	1045
走向国际数学奥林匹克的平面几何试题诠释.第4卷	2019－09	98.00	1046
平面几何证明方法全书	2007－08	48.00	1
平面几何证明方法全书习题解答(第2版)	2006－12	18.00	10
平面几何天天练上卷·基础篇(直线型)	2013－01	58.00	208
平面几何天天练中卷·基础篇(涉及圆)	2013－01	28.00	234
平面几何天天练下卷·提高篇	2013－01	58.00	237
平面几何专题研究	2013－07	98.00	258
平面几何解题之道.第1卷	2022－05	38.00	1494
几何学习题集	2020－10	48.00	1217
通过解题学习代数几何	2021－04	88.00	1301
圆锥曲线的奥秘	2022－06	88.00	1541

书　名	出版时间	定　价	编号
最新世界各国数学奥林匹克中的平面几何试题	2007－09	38.00	14
数学竞赛平面几何典型题及新颖解	2010－07	48.00	74
初等数学复习及研究(平面几何)	2008－09	68.00	38
初等数学复习及研究(立体几何)	2010－06	38.00	71
初等数学复习及研究(平面几何)习题解答	2009－01	58.00	42
几何学教程(平面几何卷)	2011－03	68.00	90
几何学教程(立体几何卷)	2011－07	68.00	130
几何变换与几何证题	2010－06	88.00	70
计算方法与几何证题	2011－06	28.00	129
立体几何技巧与方法(第2版)	2022－10	168.00	1572
几何瑰宝——平面几何500名题暨1500条定理(上、下)	2021－07	168.00	1358
三角形的解法与应用	2012－07	18.00	183
近代的三角形几何学	2012－07	48.00	184
一般折线几何学	2015－08	48.00	503
三角形的五心	2009－06	28.00	51
三角形的六心及其应用	2015－10	68.00	542
三角形趣谈	2012－08	28.00	212
解三角形	2014－01	28.00	265
探秘三角形:一次数学旅行	2021－10	68.00	1387
三角学专门教程	2014－09	28.00	387
图天下几何新题试卷.初中(第2版)	2017－11	58.00	855
圆锥曲线习题集(上册)	2013－06	68.00	255
圆锥曲线习题集(中册)	2015－01	78.00	434
圆锥曲线习题集(下册·第1卷)	2016－10	78.00	683
圆锥曲线习题集(下册·第2卷)	2018－01	98.00	853
圆锥曲线习题集(下册·第3卷)	2019－10	128.00	1113
圆锥曲线的思想方法	2021－08	48.00	1379
圆锥曲线的八个主要问题	2021－10	48.00	1415
论九点圆	2015－05	88.00	645
论圆的几何学	2024－06	48.00	1736
近代欧氏几何学	2012－03	48.00	162
罗巴切夫斯基几何学及几何基础概要	2012－07	28.00	188
罗巴切夫斯基几何学初步	2015－06	28.00	474
用三角、解析几何、复数、向量计算解数学竞赛几何题	2015－03	48.00	455
用解析法研究圆锥曲线的几何理论	2022－05	48.00	1495
美国中学几何教程	2015－04	88.00	458
三线坐标与三角形特征点	2015－04	98.00	460
坐标几何学基础.第1卷,笛卡儿坐标	2021－08	48.00	1398
坐标几何学基础.第2卷,三线坐标	2021－09	28.00	1399
平面解析几何方法与研究(第1卷)	2015－05	28.00	471
平面解析几何方法与研究(第2卷)	2015－06	38.00	472
平面解析几何方法与研究(第3卷)	2015－07	28.00	473
解析几何研究	2015－01	38.00	425
解析几何学教程.上	2016－01	38.00	574
解析几何学教程.下	2016－01	38.00	575
几何学基础	2016－01	58.00	581
初等几何研究	2015－02	58.00	444
十九和二十世纪欧氏几何学中的片段	2017－01	58.00	696
平面几何中考.高考.奥数一本通	2017－07	28.00	820
几何学简史	2017－08	28.00	833
四面体	2018－01	48.00	880
平面几何证明方法思路	2018－12	68.00	913
折纸中的几何练习	2022－09	48.00	1559
中学新几何学(英文)	2022－10	98.00	1562
线性代数与几何	2023－04	68.00	1633

刘培杰数学工作室
已出版(即将出版)图书目录——初等数学

书　名	出版时间	定　价	编号
四面体几何学引论	2023—06	68.00	1648
平面几何图形特性新析.上篇	2019—01	68.00	911
平面几何图形特性新析.下篇	2018—06	88.00	912
平面几何范例多解探究.上篇	2018—04	48.00	910
平面几何范例多解探究.下篇	2018—12	68.00	914
从分析解题过程学解题:竞赛中的几何问题研究	2018—07	68.00	946
从分析解题过程学解题:竞赛中的向量几何与不等式研究(全2册)	2019—06	138.00	1090
从分析解题过程学解题:竞赛中的不等式问题	2021—01	48.00	1249
二维、三维欧氏几何的对偶原理	2018—12	38.00	990
星形大观及闭折线论	2019—03	68.00	1020
立体几何的问题和方法	2019—11	58.00	1127
三角代换论	2021—05	58.00	1313
俄罗斯平面几何问题集	2009—08	88.00	55
俄罗斯立体几何问题集	2014—03	58.00	283
俄罗斯几何大师——沙雷金论数学及其他	2014—01	48.00	271
来自俄罗斯的5000道几何习题及解答	2011—03	58.00	89
俄罗斯初等数学问题集	2012—05	38.00	177
俄罗斯函数问题集	2011—03	38.00	103
俄罗斯组合分析问题集	2011—01	48.00	79
俄罗斯初等数学万题选——三角卷	2012—11	38.00	222
俄罗斯初等数学万题选——代数卷	2013—08	68.00	225
俄罗斯初等数学万题选——几何卷	2014—01	68.00	226
俄罗斯《量子》杂志数学征解问题100题选	2018—08	48.00	969
俄罗斯《量子》杂志数学征解问题又100题选	2018—08	48.00	970
俄罗斯《量子》杂志数学征解问题	2020—05	48.00	1138
463个俄罗斯几何老问题	2012—01	28.00	152
《量子》数学短文精粹	2018—09	38.00	972
用三角、解析几何等计算解来自俄罗斯的几何题	2019—11	88.00	1119
基谢廖夫平面几何	2022—01	48.00	1461
基谢廖夫立体几何	2023—04	48.00	1599
数学:代数、数学分析和几何(10—11年级)	2021—01	48.00	1250
直观几何学:5—6年级	2022—04	58.00	1508
几何学:第2版.7—9年级	2023—08	68.00	1684
平面几何:9—11年级	2022—10	48.00	1571
立体几何.10—11年级	2022—01	58.00	1472
几何快递	2024—05	48.00	1697
谈谈素数	2011—03	18.00	91
平方和	2011—03	18.00	92
整数论	2011—05	38.00	120
从整数谈起	2015—10	28.00	538
数与多项式	2016—01	38.00	558
谈谈不定方程	2011—05	28.00	119
质数漫谈	2022—07	68.00	1529
解析不等式新论	2009—06	68.00	48
建立不等式的方法	2011—03	98.00	104
数学奥林匹克不等式研究(第2版)	2020—07	68.00	1181
不等式研究(第三辑)	2023—08	198.00	1673
不等式的秘密(第一卷)(第2版)	2014—02	38.00	286
不等式的秘密(第一卷)	2014—01	38.00	268
初等不等式的证明方法	2010—06	38.00	123
初等不等式的证明方法(第二版)	2014—11	38.00	407
不等式·理论·方法(基础卷)	2015—07	38.00	496
不等式·理论·方法(经典不等式卷)	2015—07	38.00	497
不等式·理论·方法(特殊类型不等式卷)	2015—07	48.00	498
不等式探究	2016—03	38.00	582
不等式探秘	2017—01	88.00	689

刘培杰数学工作室
已出版(即将出版)图书目录——初等数学

书　名	出版时间	定价	编号
四面体不等式	2017—01	68.00	715
数学奥林匹克中常见重要不等式	2017—09	38.00	845
三正弦不等式	2018—09	98.00	974
函数方程与不等式:解法与稳定性结果	2019—04	68.00	1058
数学不等式.第1卷,对称多项式不等式	2022—05	78.00	1455
数学不等式.第2卷,对称有理不等式与对称无理不等式	2022—05	88.00	1456
数学不等式.第3卷,循环不等式与非循环不等式	2022—05	88.00	1457
数学不等式.第4卷,Jensen不等式的扩展与加细	2022—05	88.00	1458
数学不等式.第5卷,创建不等式与解不等式的其他方法	2022—05	88.00	1459
不定方程及其应用.上	2018—12	58.00	992
不定方程及其应用.中	2019—01	78.00	993
不定方程及其应用.下	2019—02	98.00	994
Nesbitt不等式加强式的研究	2022—06	128.00	1527
最值定理与分析不等式	2023—02	78.00	1567
一类积分不等式	2023—02	88.00	1579
邦费罗尼不等式及概率应用	2023—05	58.00	1637
同余理论	2012—05	38.00	163
[x]与{x}	2015—04	48.00	476
极值与最值.上卷	2015—06	28.00	486
极值与最值.中卷	2015—06	38.00	487
极值与最值.下卷	2015—06	28.00	488
整数的性质	2012—11	38.00	192
完全平方数及其应用	2015—08	78.00	506
多项式理论	2015—10	88.00	541
奇数、偶数、奇偶分析法	2018—01	98.00	876
历届美国中学生数学竞赛试题及解答(第一卷)1950—1954	2014—07	18.00	277
历届美国中学生数学竞赛试题及解答(第二卷)1955—1959	2014—04	18.00	278
历届美国中学生数学竞赛试题及解答(第三卷)1960—1964	2014—06	18.00	279
历届美国中学生数学竞赛试题及解答(第四卷)1965—1969	2014—04	28.00	280
历届美国中学生数学竞赛试题及解答(第五卷)1970—1972	2014—06	18.00	281
历届美国中学生数学竞赛试题及解答(第六卷)1973—1980	2017—07	18.00	768
历届美国中学生数学竞赛试题及解答(第七卷)1981—1986	2015—01	18.00	424
历届美国中学生数学竞赛试题及解答(第八卷)1987—1990	2017—05	18.00	769
历届国际数学奥林匹克试题集	2023—09	158.00	1701
历届中国数学奥林匹克试题集(第3版)	2021—10	58.00	1440
历届加拿大数学奥林匹克试题集	2012—08	38.00	215
历届美国数学奥林匹克试题集	2023—08	98.00	1681
历届波兰数学竞赛试题集.第1卷,1949～1963	2015—03	18.00	453
历届波兰数学竞赛试题集.第2卷,1964～1976	2015—03	18.00	454
历届巴尔干数学奥林匹克试题集	2015—05	38.00	466
历届CGMO试题及解答	2024—03	48.00	1717
保加利亚数学奥林匹克	2014—10	38.00	393
圣彼得堡数学奥林匹克试题集	2015—01	38.00	429
匈牙利奥林匹克数学竞赛题解.第1卷	2016—05	28.00	593
匈牙利奥林匹克数学竞赛题解.第2卷	2016—05	28.00	594
历届美国数学邀请赛试题集(第2版)	2017—10	78.00	851
全美高中数学竞赛:纽约州数学竞赛(1989—1994)	2024—08	48.00	1740
普林斯顿大学数学竞赛	2016—06	38.00	669
亚太地区数学奥林匹克竞赛题	2015—07	18.00	492
日本历届(初级)广中杯数学竞赛试题及解答.第1卷(2000～2007)	2016—05	28.00	641
日本历届(初级)广中杯数学竞赛试题及解答.第2卷(2008～2015)	2016—05	38.00	642
越南数学奥林匹克题选:1962—2009	2021—07	48.00	1370
欧洲女子数学奥林匹克	2024—04	48.00	1723
360个数学竞赛问题	2016—08	58.00	677

— 4 —

刘培杰数学工作室
已出版(即将出版)图书目录——初等数学

书　名	出版时间	定　价	编号
奥数最佳实战题.上卷	2017—06	38.00	760
奥数最佳实战题.下卷	2017—05	58.00	761
解决问题的策略	2024—08	48.00	1742
哈尔滨市早期中学数学竞赛试题汇编	2016—07	28.00	672
全国高中数学联赛试题及解答:1981~2019(第4版)	2020—07	138.00	1176
2024年全国高中数学联合竞赛模拟题集	2024—01	38.00	1702
20世纪50年代全国部分城市数学竞赛试题汇编	2017—07	28.00	797
国内外数学竞赛题及精解:2018~2019	2020—08	45.00	1192
国内外数学竞赛题及精解:2019~2020	2021—11	58.00	1439
许康华竞赛优学精选集.第一辑	2018—08	68.00	949
天问叶班数学问题征解100题.Ⅰ,2016—2018	2019—05	88.00	1075
天问叶班数学问题征解100题.Ⅱ,2017—2019	2020—07	98.00	1177
美国初中数学竞赛:AMC8准备(共6卷)	2019—07	138.00	1089
美国高中数学竞赛:AMC10准备(共6卷)	2019—08	158.00	1105
王连笑教你怎样学数学:高考选择题解题策略与客观题实用训练	2014—01	48.00	262
王连笑教你怎样学数学:高考数学高层次讲座	2015—02	48.00	432
高考数学的理论与实践	2009—08	38.00	53
高考数学核心题型解题方法与技巧	2010—01	28.00	86
高考思维新平台	2014—03	38.00	259
高考数学压轴题解题诀窍(上)(第2版)	2018—01	58.00	874
高考数学压轴题解题诀窍(下)(第2版)	2018—01	48.00	875
突破高考数学新定义创新压轴题	2024—08	88.00	1741
北京市五区文科数学三年高考模拟题详解:2013~2015	2015—08	48.00	500
北京市五区理科数学三年高考模拟题详解:2013~2015	2015—09	68.00	505
向量法巧解数学高考题	2009—08	28.00	54
高中数学课堂教学的实践与反思	2021—11	48.00	791
数学高考参考	2016—01	78.00	589
新课程标准高考数学解答题各种题型解法指导	2020—08	78.00	1196
全国及各省市高考数学试题审题要津与解法研究	2015—02	48.00	450
高中数学章节起始课的教学研究与案例设计	2019—05	28.00	1064
新课标高考数学——五年试题分章详解(2007~2011)(上、下)	2011—10	78.00	140,141
全国中考数学压轴题审题要津与解法研究	2013—04	78.00	248
新编全国及各省市中考数学压轴题审题要津与解法研究	2014—05	58.00	342
全国及各省市5年中考数学压轴题审题要津与解法研究(2015版)	2015—04	58.00	462
中考数学专题总复习	2007—04	28.00	6
中考数学较难题常考题型解题方法与技巧	2016—09	48.00	681
中考数学难题常考题型解题方法与技巧	2016—09	48.00	682
中考数学中档题常考题型解题方法与技巧	2017—08	68.00	835
中考数学选择填空压轴好题妙解365	2024—01	80.00	1698
中考数学:三类重点考题的解法例析与习题	2020—04	48.00	1140
中小学数学的历史文化	2019—11	48.00	1124
小升初衔接数学	2024—06	68.00	1734
赢在小升初——数学	2024—08	78.00	1739
初中平面几何百题多思创新解	2020—01	58.00	1125
初中数学中考备考	2020—01	58.00	1126
高考数学之九章演义	2019—08	68.00	1044
高考数学之难题谈笑间	2022—06	68.00	1519
化学可以这样学:高中化学知识方法智慧感悟疑难辨析	2019—07	58.00	1103
如何成为学习高手	2019—09	58.00	1107
高考数学:经典真题分类解析	2020—04	78.00	1134
高考数学解答题破解策略	2020—11	58.00	1221
从分析解题过程学解题:高考压轴题与竞赛题之关系探究	2020—08	88.00	1179
从分析解题过程学解题:数学竞赛题的背景探究	2021—03	88.00	1735
教学新思考:单元整体视角下的初中数学教学设计	2021—03	58.00	1278
思维再拓展:2020年经典几何题的多解探究与思考	即将出版		1279
中考数学小压轴汇编初讲	2017—07	48.00	788
中考数学大压轴专题微言	2017—09	48.00	846

刘培杰数学工作室
已出版(即将出版)图书目录——初等数学

书 名	出版时间	定 价	编号
怎么解中考平面几何探索题	2019—06	48.00	1093
北京中考数学压轴题解题方法突破(第9版)	2024—01	78.00	1645
助你高考成功的数学解题智慧:知识是智慧的基础	2016—01	58.00	596
助你高考成功的数学解题智慧:错误是智慧的试金石	2016—04	58.00	643
助你高考成功的数学解题智慧:方法是智慧的推手	2016—04	68.00	657
高考数学奇思妙解	2016—04	38.00	610
高考数学解题策略	2016—05	48.00	670
数学解题泄天机(第2版)	2017—10	48.00	850
高中物理教学讲义	2018—01	48.00	871
高中物理教学讲义:全模块	2022—03	98.00	1492
高中物理答疑解惑65篇	2021—11	48.00	1462
中学物理基础问题解析	2020—08	48.00	1183
初中数学、高中数学脱节知识补缺教材	2017—06	48.00	766
高考数学客观题解题方法和技巧	2017—10	38.00	847
十年高考数学精品试题审题要津与解法研究	2021—10	98.00	1427
中国历届高考数学试题及解答.1949—1979	2018—01	38.00	877
历届中国高考数学试题及解答.第二卷,1980—1989	2018—10	28.00	975
历届中国高考数学试题及解答.第三卷,1990—1999	2018—10	48.00	976
跟我学解高中数学题	2018—07	58.00	926
中学数学研究的方法及案例	2018—05	58.00	869
高考数学抢分技能	2018—07	68.00	934
高一新生常用数学方法和重要数学思想提升教材	2018—06	38.00	921
高考数学全国卷六道解答题常考题型解题诀窍:理科(全2册)	2019—07	78.00	1101
高考数学全国卷16道选择、填空题常考题型解题诀窍.理科	2018—09	88.00	971
高考数学全国卷16道选择、填空题常考题型解题诀窍.文科	2020—01	88.00	1123
高中数学一题多解	2019—06	58.00	1087
历届中国高考数学试题及解答:1917—1999	2021—08	98.00	1371
2000~2003年全国及各省市高考数学试题及解答	2022—05	88.00	1499
2004年全国及各省市高考数学试题及解答	2023—08	78.00	1500
2005年全国及各省市高考数学试题及解答	2023—08	78.00	1501
2006年全国及各省市高考数学试题及解答	2023—08	88.00	1502
2007年全国及各省市高考数学试题及解答	2023—08	98.00	1503
2008年全国及各省市高考数学试题及解答	2023—08	88.00	1504
2009年全国及各省市高考数学试题及解答	2023—08	88.00	1505
2010年全国及各省市高考数学试题及解答	2023—08	98.00	1506
2011~2017年全国及各省市高考数学试题及解答	2024—01	78.00	1507
2018~2023年全国及各省市高考数学试题及解答	2024—01	78.00	1709
突破高原:高中数学解题思维探究	2021—08	48.00	1375
高考数学中的"取值范围"	2021—10	48.00	1429
新课程标准高中数学各种题型解法大全.必修一分册	2021—06	58.00	1315
新课程标准高中数学各种题型解法大全.必修二分册	2022—01	68.00	1471
高中数学各种题型解法大全.选择性必修一分册	2022—06	68.00	1525
高中数学各种题型解法大全.选择性必修二分册	2023—01	58.00	1600
高中数学各种题型解法大全.选择性必修三分册	2023—04	48.00	1643
高中数学专题研究	2024—05	88.00	1722
历届全国初中数学竞赛经典试题详解	2023—04	88.00	1624
孟祥礼高考数学精刷精解	2023—06	98.00	1663
新编640个世界著名数学智力趣题	2014—01	88.00	242
500个最新世界著名数学智力趣题	2008—06	48.00	3
400个最新世界著名数学最值问题	2008—09	48.00	36
500个世界著名数学征解问题	2009—06	48.00	52
400个中国最佳初等数学征解老问题	2010—01	48.00	60
500个俄罗斯数学经典老题	2011—01	28.00	81
1000个国外中学物理好题	2012—04	48.00	174
300个日本高考数学题	2012—05	38.00	142
700个早期日本高考数学试题	2017—02	88.00	752

刘培杰数学工作室
已出版(即将出版)图书目录——初等数学

书　　名	出版时间	定　价	编号
500个前苏联早期高考数学试题及解答	2012－05	28.00	185
546个早期俄罗斯大学生数学竞赛题	2014－03	38.00	285
548个来自美苏的数学好问题	2014－11	28.00	396
20所苏联著名大学早期入学试题	2015－02	18.00	452
161道德国工科大学生必做的微分方程习题	2015－05	28.00	469
500个德国工科大学生必做的高数习题	2015－06	28.00	478
360个数学竞赛问题	2016－08	58.00	677
200个趣味数学故事	2018－02	48.00	857
470个数学奥林匹克中的最值问题	2018－10	88.00	985
德国讲义日本考题.微积分卷	2015－04	48.00	456
德国讲义日本考题.微分方程卷	2015－04	38.00	457
二十世纪中叶中、英、美、日、法、俄高考数学试题精选	2017－06	38.00	783
中国初等数学研究　2009卷(第1辑)	2009－05	20.00	45
中国初等数学研究　2010卷(第2辑)	2010－05	30.00	68
中国初等数学研究　2011卷(第3辑)	2011－07	60.00	127
中国初等数学研究　2012卷(第4辑)	2012－07	48.00	190
中国初等数学研究　2014卷(第5辑)	2014－02	48.00	288
中国初等数学研究　2015卷(第6辑)	2015－06	68.00	493
中国初等数学研究　2016卷(第7辑)	2016－04	68.00	609
中国初等数学研究　2017卷(第8辑)	2017－01	98.00	712
初等数学研究在中国.第1辑	2019－03	158.00	1024
初等数学研究在中国.第2辑	2019－10	158.00	1116
初等数学研究在中国.第3辑	2021－05	158.00	1306
初等数学研究在中国.第4辑	2022－06	158.00	1520
初等数学研究在中国.第5辑	2023－07	158.00	1635
几何变换(Ⅰ)	2014－07	28.00	353
几何变换(Ⅱ)	2015－06	28.00	354
几何变换(Ⅲ)	2015－01	38.00	355
几何变换(Ⅳ)	2015－12	38.00	356
初等数论难题集(第一卷)	2009－05	68.00	44
初等数论难题集(第二卷)(上、下)	2011－02	128.00	82,83
数论概貌	2011－03	18.00	93
代数数论(第二版)	2013－08	58.00	94
代数多项式	2014－06	38.00	289
初等数论的知识与问题	2011－02	28.00	95
超越数论基础	2011－03	28.00	96
数论初等教程	2011－03	28.00	97
数论基础	2011－03	18.00	98
数论基础与维诺格拉多夫	2014－03	18.00	292
解析数论基础	2012－08	28.00	216
解析数论基础(第二版)	2014－01	48.00	287
解析数论问题集(第二版)(原版引进)	2014－05	88.00	343
解析数论问题集(第二版)(中译本)	2016－04	88.00	607
解析数论基础(潘承洞,潘承彪著)	2016－07	98.00	673
解析数论导引	2016－07	58.00	674
数论入门	2011－03	38.00	99
代数数论入门	2015－03	38.00	448

刘培杰数学工作室
已出版(即将出版)图书目录——初等数学

书　　名	出版时间	定　价	编号
数论开篇	2012－07	28.00	194
解析数论引论	2011－03	48.00	100
Barban Davenport Halberstam 均值和	2009－01	40.00	33
基础数论	2011－03	28.00	101
初等数论 100 例	2011－05	18.00	122
初等数论经典例题	2012－07	18.00	204
最新世界各国数学奥林匹克中的初等数论试题(上、下)	2012－01	138.00	144,145
初等数论(Ⅰ)	2012－01	18.00	156
初等数论(Ⅱ)	2012－01	18.00	157
初等数论(Ⅲ)	2012－01	28.00	158
平面几何与数论中未解决的新老问题	2013－01	68.00	229
代数数论简史	2014－11	28.00	408
代数数论	2015－09	88.00	532
代数、数论及分析习题集	2016－11	98.00	695
数论导引提要及习题解答	2016－01	48.00	559
素数定理的初等证明. 第 2 版	2016－09	48.00	686
数论中的模函数与狄利克雷级数(第二版)	2017－11	78.00	837
数论:数学导引	2018－01	68.00	849
范氏大代数	2019－02	98.00	1016
解析数学讲义. 第一卷,导来式及微分、积分、级数	2019－04	88.00	1021
解析数学讲义. 第二卷,关于几何的应用	2019－04	68.00	1022
解析数学讲义. 第三卷,解析函数论	2019－04	78.00	1023
分析・组合・数论纵横谈	2019－04	58.00	1039
Hall 代数:民国时期的中学数学课本:英文	2019－08	88.00	1106
基谢廖夫初等代数	2022－07	38.00	1531
基谢廖夫算术	2024－05	48.00	1725

数学精神巡礼	2019－01	58.00	731
数学眼光透视(第 2 版)	2017－06	78.00	732
数学思想领悟(第 2 版)	2018－01	68.00	733
数学方法溯源(第 2 版)	2018－08	68.00	734
数学解题引论	2017－05	58.00	735
数学史话览胜(第 2 版)	2017－01	48.00	736
数学应用展观(第 2 版)	2017－08	68.00	737
数学建模尝试	2018－04	48.00	738
数学竞赛采风	2018－01	68.00	739
数学测评探营	2019－05	58.00	740
数学技能操握	2018－03	48.00	741
数学欣赏拾趣	2018－02	48.00	742

从毕达哥拉斯到怀尔斯	2007－10	48.00	9
从迪利克雷到维斯卡尔迪	2008－01	48.00	21
从哥德巴赫到陈景润	2008－05	98.00	35
从庞加莱到佩雷尔曼	2011－08	138.00	136

博弈论精粹	2008－03	58.00	30
博弈论精粹. 第二版(精装)	2015－01	88.00	461
数学 我爱你	2008－01	28.00	20
精神的圣徒　别样的人生——60 位中国数学家成长的历程	2008－09	48.00	39
数学史概论	2009－06	78.00	50

刘培杰数学工作室
已出版(即将出版)图书目录——初等数学

书　名	出版时间	定　价	编号
数学史概论(精装)	2013－03	158.00	272
数学史选讲	2016－01	48.00	544
斐波那契数列	2010－02	28.00	65
数学拼盘和斐波那契魔方	2010－07	38.00	72
斐波那契数列欣赏(第2版)	2018－08	58.00	948
Fibonacci 数列中的明珠	2018－06	58.00	928
数学的创造	2011－02	48.00	85
数学美与创造力	2016－01	48.00	595
数海拾贝	2016－01	48.00	590
数学中的美(第2版)	2019－04	68.00	1057
数论中的美学	2014－12	38.00	351
数学王者　科学巨人——高斯	2015－01	28.00	428
振兴祖国数学的圆梦之旅:中国初等数学研究史话	2015－06	98.00	490
二十世纪中国数学史料研究	2015－10	48.00	536
《九章算法比类大全》校注	2024－06	198.00	1695
数字谜、数阵图与棋盘覆盖	2016－01	58.00	298
数学概念的进化:一个初步的研究	2023－07	68.00	1683
数学发现的艺术:数学探索中的合情推理	2016－07	58.00	671
活跃在数学中的参数	2016－07	48.00	675
数海趣史	2021－05	98.00	1314
玩转幻中之幻	2023－08	88.00	1682
数学艺术品	2023－09	98.00	1685
数学博弈与游戏	2023－10	68.00	1692
数学解题——靠数学思想给力(上)	2011－07	38.00	131
数学解题——靠数学思想给力(中)	2011－07	48.00	132
数学解题——靠数学思想给力(下)	2011－07	38.00	133
我怎样解题	2013－01	48.00	227
数学解题中的物理方法	2011－06	28.00	114
数学解题的特殊方法	2011－06	48.00	115
中学数学计算技巧(第2版)	2020－10	48.00	1220
中学数学证明方法	2012－01	58.00	117
数学趣题巧解	2012－03	28.00	128
高中数学教学通鉴	2015－05	58.00	479
和高中生漫谈:数学与哲学的故事	2014－08	28.00	369
算术问题集	2017－03	38.00	789
张教授讲数学	2018－07	38.00	933
陈永明实话实说数学教学	2020－04	68.00	1132
中学数学学科知识与教学能力	2020－06	58.00	1155
怎样把课讲好:大罕数学教学随笔	2022－03	58.00	1484
中国高考评价体系下高考数学探秘	2022－03	48.00	1487
数苑漫步	2024－01	58.00	1670
自主招生考试中的参数方程问题	2015－01	28.00	435
自主招生考试中的极坐标问题	2015－04	28.00	463
近年全国重点大学自主招生数学试题全解及研究.华约卷	2015－02	38.00	441
近年全国重点大学自主招生数学试题全解及研究.北约卷	2016－05	38.00	619
自主招生数学解证宝典	2015－09	48.00	535
中国科学技术大学创新班数学真题解析	2022－03	48.00	1488
中国科学技术大学创新班物理真题解析	2022－03	58.00	1489
格点和面积	2012－07	18.00	191
射影几何趣谈	2012－04	28.00	175
斯潘纳尔引理——从一道加拿大数学奥林匹克试题谈起	2014－01	28.00	228
李普希兹条件——从几道近年高考数学试题谈起	2012－10	18.00	221
拉格朗日中值定理——从一道北京高考试题的解法谈起	2015－10	18.00	197

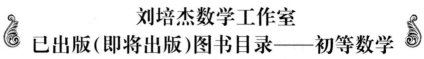

刘培杰数学工作室
已出版(即将出版)图书目录——初等数学

书　名	出版时间	定　价	编号
闵科夫斯基定理——从一道清华大学自主招生试题谈起	2014-01	28.00	198
哈尔测度——从一道冬令营试题的背景谈起	2012-08	28.00	202
切比雪夫逼近问题——从一道中国台北数学奥林匹克试题谈起	2013-04	38.00	238
伯恩斯坦多项式与贝齐尔曲面——从一道全国高中数学联赛试题谈起	2013-03	38.00	236
卡塔兰猜想——从一道普特南竞赛试题谈起	2013-06	18.00	256
麦卡锡函数和阿克曼函数——从一道前南斯拉夫数学奥林匹克试题谈起	2012-08	18.00	201
贝蒂定理与拉海贝克莫斯尔定理——从一个拣石子游戏谈起	2012-08	18.00	217
皮亚诺曲线和豪斯道夫分球定理——从无限集谈起	2012-08	18.00	211
平面凸图形与凸多面体	2012-10	28.00	218
斯坦因豪斯问题——从一道二十五省市自治区中学数学竞赛试题谈起	2012-07	18.00	196
纽结理论中的亚历山大多项式与琼斯多项式——从一道北京市高一数学竞赛试题谈起	2012-07	28.00	195
原则与策略——从波利亚"解题表"谈起	2013-04	38.00	244
转化与化归——从三大尺规作图不能问题谈起	2012-08	28.00	214
代数几何中的贝祖定理(第一版)——从一道IMO试题的解法谈起	2013-08	18.00	193
成功连贯理论与约当块理论——从一道比利时数学竞赛试题谈起	2012-04	18.00	180
素数判定与大数分解	2014-08	18.00	199
置换多项式及其应用	2012-10	18.00	220
椭圆函数与模函数——从一道美国加州大学洛杉矶分校(UCLA)博士资格考题谈起	2012-10	28.00	219
差分方程的拉格朗日方法——从一道2011年全国高考理科试题的解法谈起	2012-08	28.00	200
力学在几何中的一些应用	2013-01	38.00	240
从根式解到伽罗华理论	2020-01	48.00	1121
康托洛维奇不等式——从一道全国高中联赛试题谈起	2013-03	28.00	337
西格尔引理——从一道第18届IMO试题的解法谈起	即将出版		
罗斯定理——从一道前苏联数学竞赛试题谈起	即将出版		
拉克斯定理和阿廷定理——从一道IMO试题的解法谈起	2014-01	58.00	246
毕卡大定理——从一道美国大学数学竞赛试题谈起	2014-07	18.00	350
贝齐尔曲线——从一道全国高中联赛试题谈起	即将出版		
拉格朗日乘子定理——从一道2005年全国高中联赛试题的高等数学解法谈起	2015-05	28.00	480
雅可比定理——从一道日本数学奥林匹克试题谈起	2013-04	48.00	249
李天岩一约克定理——从一道波兰数学竞赛试题谈起	2014-06	28.00	349
受控理论与初等不等式：从一道IMO试题的解法谈起	2023-03	48.00	1601
布劳维不动点定理——从一道前苏联数学奥林匹克试题谈起	2014-01	38.00	273
伯恩赛德定理——从一道英国数学奥林匹克试题谈起	即将出版		
布查特一莫斯特定理——从一道上海市初中竞赛试题谈起	即将出版		
数论中的同余数问题——从一道普特南竞赛试题谈起	即将出版		
范·德蒙行列式——从一道美国数学奥林匹克试题谈起	即将出版		
中国剩余定理:总数法构建中国历史年表	2015-01	28.00	430
牛顿程序与方程求根——从一道全国高考试题解法谈起	即将出版		
库默尔定理——从一道IMO预选试题谈起	即将出版		
卢丁定理——从一道冬令营试题的解法谈起	即将出版		
沃斯滕霍姆定理——从一道IMO预选试题谈起	即将出版		
卡尔松不等式——从一道莫斯科数学奥林匹克试题谈起	即将出版		
信息论中的香农熵——从一道近年高考压轴题谈起	即将出版		

刘培杰数学工作室
已出版(即将出版)图书目录——初等数学

书　名	出版时间	定　价	编号
约当不等式——从一道希望杯竞赛试题谈起	即将出版		
拉比诺维奇定理	即将出版		
刘维尔定理——从一道《美国数学月刊》征解问题的解法谈起	即将出版		
卡塔兰恒等式与级数求和——从一道IMO试题的解法谈起	即将出版		
勒让德猜想与素数分布——从一道爱尔兰竞赛试题谈起	即将出版		
天平称重与信息论——从一道基辅市数学奥林匹克试题谈起	即将出版		
哈密尔顿—凯莱定理——从一道高中数学联赛试题的解法谈起	2014－09	18.00	376
艾思特曼定理——从一道CMO试题的解法谈起	即将出版		
阿贝尔恒等式与经典不等式及应用	2018－06	98.00	923
迪利克雷除数问题	2018－07	48.00	930
幻方、幻立方与拉丁方	2019－08	48.00	1092
帕斯卡三角形	2014－03	18.00	294
蒲丰投针问题——从2009年清华大学的一道自主招生试题谈起	2014－01	38.00	295
斯图姆定理——从一道"华约"自主招生试题的解法谈起	2014－01	18.00	296
许瓦兹引理——从一道加利福尼亚大学伯克利分校数学系博士生试题谈起	2014－08	18.00	297
拉姆塞定理——从王诗宬院士的一个问题谈起	2016－04	48.00	299
坐标法	2013－12	28.00	332
数论三角形	2014－04	38.00	341
毕克定理	2014－07	18.00	352
数林掠影	2014－09	48.00	389
我们周围的概率	2014－10	38.00	390
凸函数最值定理:从一道华约自主招生题的解法谈起	2014－10	28.00	391
易学与数学奥林匹克	2014－10	38.00	392
生物数学趣谈	2015－01	18.00	409
反演	2015－01	28.00	420
因式分解与圆锥曲线	2015－01	18.00	426
轨迹	2015－01	28.00	427
面积原理:从常庚哲命的一道CMO试题的积分解法谈起	2015－01	48.00	431
形形色色的不动点定理:从一道28届IMO试题谈起	2015－01	38.00	439
柯西函数方程:从一道上海交大自主招生的试题谈起	2015－02	28.00	440
三角恒等式	2015－02	28.00	442
无理性判定:从一道2014年"北约"自主招生试题谈起	2015－01	38.00	443
数学归纳法	2015－03	18.00	451
极端原理与解题	2015－04	28.00	464
法雷级数	2014－08	18.00	367
摆线族	2015－01	38.00	438
函数方程及其解法	2015－05	38.00	470
含参数的方程和不等式	2012－09	28.00	213
希尔伯特第十问题	2016－01	38.00	543
无穷小量的求和	2016－01	28.00	545
切比雪夫多项式:从一道清华大学金秋营试题谈起	2016－01	38.00	583
泽肯多夫定理	2016－03	38.00	599
代数等式证题法	2016－01	28.00	600
三角等式证题法	2016－01	28.00	601
吴大任教授藏书中的一个因式分解公式:从一道美国数学邀请赛试题的解法谈起	2016－06	28.00	656
易卦——类万物的数学模型	2017－08	68.00	838
"不可思议"的数与数系可持续发展	2018－01	38.00	878
最短线	2018－01	38.00	879
数学在天文、地理、光学、机械力学中的一些应用	2023－03	88.00	1576
从阿基米德三角形谈起	2023－01	28.00	1578

刘培杰数学工作室
已出版(即将出版)图书目录——初等数学

书　名	出版时间	定　价	编号
幻方和魔方(第一卷)	2012—05	68.00	173
尘封的经典——初等数学经典文献选读(第一卷)	2012—07	48.00	205
尘封的经典——初等数学经典文献选读(第二卷)	2012—07	38.00	206
初级方程式论	2011—03	28.00	106
初等数学研究(Ⅰ)	2008—09	68.00	37
初等数学研究(Ⅱ)(上、下)	2009—05	118.00	46,47
初等数学专题研究	2022—10	68.00	1568
趣味初等方程妙题集锦	2014—09	48.00	388
趣味初等数论选美与欣赏	2015—02	48.00	445
耕读笔记(上卷):一位农民数学爱好者的初数探索	2015—04	28.00	459
耕读笔记(中卷):一位农民数学爱好者的初数探索	2015—05	28.00	483
耕读笔记(下卷):一位农民数学爱好者的初数探索	2015—05	28.00	484
几何不等式研究与欣赏.上卷	2016—01	88.00	547
几何不等式研究与欣赏.下卷	2016—01	48.00	552
初等数列研究与欣赏·上	2016—01	48.00	570
初等数列研究与欣赏·下	2016—01	48.00	571
趣味初等函数研究与欣赏.上	2016—09	48.00	684
趣味初等函数研究与欣赏.下	2018—09	48.00	685
三角不等式研究与欣赏	2020—10	68.00	1197
新编平面解析几何解题方法研究与欣赏	2021—10	78.00	1426
火柴游戏(第2版)	2022—05	38.00	1493
智力解谜.第1卷	2017—07	38.00	613
智力解谜.第2卷	2017—07	38.00	614
故事智力	2016—07	48.00	615
名人们喜欢的智力问题	2020—01	48.00	616
数学大师的发现、创造与失误	2018—01	48.00	617
异曲同工	2018—09	48.00	618
数学的味道(第2版)	2023—10	68.00	1686
数学千字文	2018—10	68.00	977
数贝偶拾——高考数学题研究	2014—04	28.00	274
数贝偶拾——初等数学研究	2014—04	38.00	275
数贝偶拾——奥数题研究	2014—04	48.00	276
钱昌本教你快乐学数学(上)	2011—12	48.00	155
钱昌本教你快乐学数学(下)	2012—03	58.00	171
集合、函数与方程	2014—01	28.00	300
数列与不等式	2014—01	38.00	301
三角与平面向量	2014—01	28.00	302
平面解析几何	2014—01	38.00	303
立体几何与组合	2014—01	28.00	304
极限与导数、数学归纳法	2014—01	38.00	305
趣味数学	2014—03	28.00	306
教材教法	2014—04	68.00	307
自主招生	2014—05	58.00	308
高考压轴题(上)	2015—01	48.00	309
高考压轴题(下)	2014—10	68.00	310

书　名	出版时间	定　价	编号
从费马到怀尔斯——费马大定理的历史	2013－10	198.00	I
从庞加莱到佩雷尔曼——庞加猜想的历史	2013－10	298.00	II
从切比雪夫到爱尔特希(上)——素数定理的初等证明	2013－07	48.00	III
从切比雪夫到爱尔特希(下)——素数定理100年	2012－12	98.00	III
从高斯到盖尔方特——二次域的高斯猜想	2013－10	198.00	IV
从库默尔到朗兰兹——朗兰兹猜想的历史	2014－01	98.00	V
从比勒巴赫到德布朗斯——比勒巴赫猜想的历史	2014－02	298.00	VI
从麦比乌斯到陈省身——麦比乌斯变换与麦比乌斯带	2014－02	298.00	VII
从布尔到豪斯道夫——布尔方程与格论漫谈	2013－10	198.00	VIII
从开普勒到阿诺德——三体问题的历史	2014－05	298.00	IX
从华林到华罗庚——华林问题的历史	2013－10	298.00	X
美国高中数学竞赛五十讲.第1卷(英文)	2014　08	28.00	357
美国高中数学竞赛五十讲.第2卷(英文)	2014－08	28.00	358
美国高中数学竞赛五十讲.第3卷(英文)	2014－09	28.00	359
美国高中数学竞赛五十讲.第4卷(英文)	2014－09	28.00	360
美国高中数学竞赛五十讲.第5卷(英文)	2014－10	28.00	361
美国高中数学竞赛五十讲.第6卷(英文)	2014－11	28.00	362
美国高中数学竞赛五十讲.第7卷(英文)	2014－12	28.00	363
美国高中数学竞赛五十讲.第8卷(英文)	2015－01	28.00	364
美国高中数学竞赛五十讲.第9卷(英文)	2015－01	28.00	365
美国高中数学竞赛五十讲.第10卷(英文)	2015－02	38.00	366
三角函数(第2版)	2017－04	38.00	626
不等式	2014－01	38.00	312
数列	2014－01	38.00	313
方程(第2版)	2017－04	38.00	624
排列和组合	2014－01	28.00	315
极限与导数(第2版)	2016－04	38.00	635
向量(第2版)	2018－08	58.00	627
复数及其应用	2014－08	28.00	318
函数	2014－01	38.00	319
集合	2020－01	48.00	320
直线与平面	2014－01	28.00	321
立体几何(第2版)	2016－04	38.00	629
解三角形	即将出版		323
直线与圆(第2版)	2016－11	38.00	631
圆锥曲线(第2版)	2016－09	48.00	632
解题通法(一)	2014－07	38.00	326
解题通法(二)	2014－07	38.00	327
解题通法(三)	2014－05	38.00	328
概率与统计	2014－01	28.00	329
信息迁移与算法	即将出版		330

刘培杰数学工作室
已出版(即将出版)图书目录——初等数学

书　　名	出版时间	定　价	编号
IMO 50 年. 第 1 卷(1959—1963)	2014—11	28.00	377
IMO 50 年. 第 2 卷(1964—1968)	2014—11	28.00	378
IMO 50 年. 第 3 卷(1969—1973)	2014—09	28.00	379
IMO 50 年. 第 4 卷(1974—1978)	2016—04	38.00	380
IMO 50 年. 第 5 卷(1979—1984)	2015—04	38.00	381
IMO 50 年. 第 6 卷(1985—1989)	2015—04	58.00	382
IMO 50 年. 第 7 卷(1990—1994)	2016—01	48.00	383
IMO 50 年. 第 8 卷(1995—1999)	2016—06	38.00	384
IMO 50 年. 第 9 卷(2000—2004)	2015—04	58.00	385
IMO 50 年. 第 10 卷(2005—2009)	2016—01	48.00	386
IMO 50 年. 第 11 卷(2010—2015)	2017—03	48.00	646
数学反思(2006—2007)	2020—09	88.00	915
数学反思(2008—2009)	2019—01	68.00	917
数学反思(2010—2011)	2018—05	58.00	916
数学反思(2012—2013)	2019—01	58.00	918
数学反思(2014—2015)	2019—03	78.00	919
数学反思(2016—2017)	2021—03	58.00	1286
数学反思(2018—2019)	2023—01	88.00	1593
历届美国大学生数学竞赛试题集. 第一卷(1938—1949)	2015—01	28.00	397
历届美国大学生数学竞赛试题集. 第二卷(1950—1959)	2015—01	28.00	398
历届美国大学生数学竞赛试题集. 第三卷(1960—1969)	2015—01	28.00	399
历届美国大学生数学竞赛试题集. 第四卷(1970—1979)	2015—01	18.00	400
历届美国大学生数学竞赛试题集. 第五卷(1980—1989)	2015—01	28.00	401
历届美国大学生数学竞赛试题集. 第六卷(1990—1999)	2015—01	28.00	402
历届美国大学生数学竞赛试题集. 第七卷(2000—2009)	2015—08	18.00	403
历届美国大学生数学竞赛试题集. 第八卷(2010—2012)	2015—01	18.00	404
新课标高考数学创新题解题诀窍:总论	2014—09	28.00	372
新课标高考数学创新题解题诀窍:必修 1~5 分册	2014—08	38.00	373
新课标高考数学创新题解题诀窍:选修 2—1,2—2,1—1,1—2分册	2014—09	38.00	374
新课标高考数学创新题解题诀窍:选修 2—3,4—4,4—5分册	2014—09	18.00	375
全国重点大学自主招生英文数学试题全攻略:词汇卷	2015—07	48.00	410
全国重点大学自主招生英文数学试题全攻略:概念卷	2015—01	28.00	411
全国重点大学自主招生英文数学试题全攻略:文章选读卷(上)	2016—09	38.00	412
全国重点大学自主招生英文数学试题全攻略:文章选读卷(下)	2017—01	58.00	413
全国重点大学自主招生英文数学试题全攻略:试题卷	2015—07	38.00	414
全国重点大学自主招生英文数学试题全攻略:名著欣赏卷	2017—03	48.00	415
劳埃德数学趣题大全. 题目卷. 1:英文	2016—01	18.00	516
劳埃德数学趣题大全. 题目卷. 2:英文	2016—01	18.00	517
劳埃德数学趣题大全. 题目卷. 3:英文	2016—01	18.00	518
劳埃德数学趣题大全. 题目卷. 4:英文	2016—01	18.00	519
劳埃德数学趣题大全. 题目卷. 5:英文	2016—01	18.00	520
劳埃德数学趣题大全. 答案卷:英文	2016—01	18.00	521

刘培杰数学工作室
已出版(即将出版)图书目录——初等数学

书　名	出版时间	定　价	编号
李成章教练奥数笔记.第1卷	2016－01	48.00	522
李成章教练奥数笔记.第2卷	2016－01	48.00	523
李成章教练奥数笔记.第3卷	2016－01	38.00	524
李成章教练奥数笔记.第4卷	2016－01	38.00	525
李成章教练奥数笔记.第5卷	2016－01	38.00	526
李成章教练奥数笔记.第6卷	2016－01	38.00	527
李成章教练奥数笔记.第7卷	2016－01	38.00	528
李成章教练奥数笔记.第8卷	2016－01	48.00	529
李成章教练奥数笔记.第9卷	2016－01	28.00	530
第19~23届"希望杯"全国数学邀请赛试题审题要津详细评注(初一版)	2014－03	28.00	333
第19~23届"希望杯"全国数学邀请赛试题审题要津详细评注(初二、初三版)	2014－03	38.00	334
第19~23届"希望杯"全国数学邀请赛试题审题要津详细评注(高一版)	2014－03	28.00	335
第19~23届"希望杯"全国数学邀请赛试题审题要津详细评注(高二版)	2014－03	38.00	336
第19~25届"希望杯"全国数学邀请赛试题审题要津详细评注(初一版)	2015－01	38.00	416
第19~25届"希望杯"全国数学邀请赛试题审题要津详细评注(初二、初三版)	2015－01	58.00	417
第19~25届"希望杯"全国数学邀请赛试题审题要津详细评注(高一版)	2015－01	48.00	418
第19~25届"希望杯"全国数学邀请赛试题审题要津详细评注(高二版)	2015－01	48.00	419
物理奥林匹克竞赛大题典——力学卷	2014－11	48.00	405
物理奥林匹克竞赛大题典——热学卷	2014－04	28.00	339
物理奥林匹克竞赛大题典——电磁学卷	2015－07	48.00	406
物理奥林匹克竞赛大题典——光学与近代物理卷	2014－06	28.00	345
历届中国东南地区数学奥林匹克试题及解答	2024－06	68.00	1724
历届中国西部地区数学奥林匹克试题集(2001~2012)	2014－07	18.00	347
历届中国女子数学奥林匹克试题集(2002~2012)	2014－08	18.00	348
数学奥林匹克在中国	2014－06	98.00	344
数学奥林匹克问题集	2014－01	38.00	267
数学奥林匹克不等式散论	2010－06	38.00	124
数学奥林匹克不等式欣赏	2011－09	38.00	138
数学奥林匹克超级题库(初中卷上)	2010－01	58.00	66
数学奥林匹克不等式证明方法和技巧(上、下)	2011－08	158.00	134,135
他们学什么:原民主德国中学数学课本	2016－09	38.00	658
他们学什么:英国中学数学课本	2016－09	38.00	659
他们学什么:法国中学数学课本.1	2016－09	38.00	660
他们学什么:法国中学数学课本.2	2016－09	28.00	661
他们学什么:法国中学数学课本.3	2016－09	38.00	662
他们学什么:苏联中学数学课本	2016－09	28.00	679

刘培杰数学工作室
已出版（即将出版）图书目录——初等数学

书　名	出版时间	定　价	编号
高中数学题典——集合与简易逻辑·函数	2016—07	48.00	647
高中数学题典——导数	2016—07	48.00	648
高中数学题典——三角函数·平面向量	2016—07	48.00	649
高中数学题典——数列	2016—07	58.00	650
高中数学题典——不等式·推理与证明	2016—07	38.00	651
高中数学题典——立体几何	2016—07	48.00	652
高中数学题典——平面解析几何	2016—07	78.00	653
高中数学题典——计数原理·统计·概率·复数	2016—07	48.00	·654
高中数学题典——算法·平面几何·初等数论·组合数学·其他	2016—07	68.00	655
台湾地区奥林匹克数学竞赛试题.小学一年级	2017—03	38.00	722
台湾地区奥林匹克数学竞赛试题.小学二年级	2017—03	38.00	723
台湾地区奥林匹克数学竞赛试题.小学三年级	2017—03	38.00	724
台湾地区奥林匹克数学竞赛试题.小学四年级	2017—03	38.00	725
台湾地区奥林匹克数学竞赛试题.小学五年级	2017—03	38.00	726
台湾地区奥林匹克数学竞赛试题.小学六年级	2017—03	38.00	727
台湾地区奥林匹克数学竞赛试题.初中一年级	2017—03	38.00	728
台湾地区奥林匹克数学竞赛试题.初中二年级	2017—03	38.00	729
台湾地区奥林匹克数学竞赛试题.初中三年级	2017—03	28.00	730
不等式证题法	2017—04	28.00	747
平面几何培优教程	2019—08	88.00	748
奥数鼎级培优教程.高一分册	2018—09	88.00	749
奥数鼎级培优教程.高二分册.上	2018—04	68.00	750
奥数鼎级培优教程.高二分册.下	2018—04	68.00	751
高中数学竞赛冲刺宝典	2019—04	68.00	883
初中尖子生数学超级题典.实数	2017—07	58.00	792
初中尖子生数学超级题典.式、方程与不等式	2017—08	58.00	793
初中尖子生数学超级题典.圆、面积	2017—08	38.00	794
初中尖子生数学超级题典.函数、逻辑推理	2017—08	48.00	795
初中尖子生数学超级题典.角、线段、三角形与多边形	2017—07	58.00	796
数学王子——高斯	2018—01	48.00	858
坎坷奇星——阿贝尔	2018—01	48.00	859
闪烁奇星——伽罗瓦	2018—01	58.00	860
无穷统帅——康托尔	2018—01	48.00	861
科学公主——柯瓦列夫斯卡娅	2018—01	48.00	862
抽象代数之母——埃米·诺特	2018—01	48.00	863
电脑先驱——图灵	2018—01	58.00	864
昔日神童——维纳	2018—01	48.00	865
数坛怪侠——爱尔特希	2018—01	68.00	866
传奇数学家徐利治	2019—09	88.00	1110

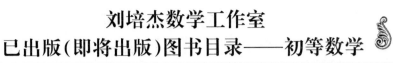

书　名	出版时间	定　价	编号
当代世界中的数学. 数学思想与数学基础	2019－01	38.00	892
当代世界中的数学. 数学问题	2019－01	38.00	893
当代世界中的数学. 应用数学与数学应用	2019－01	38.00	894
当代世界中的数学. 数学王国的新疆域(一)	2019－01	38.00	895
当代世界中的数学. 数学王国的新疆域(二)	2019－01	38.00	896
当代世界中的数学. 数林撷英(一)	2019－01	38.00	897
当代世界中的数学. 数林撷英(二)	2019－01	48.00	898
当代世界中的数学. 数学之路	2019－01	38.00	899
105 个代数问题：来自 AwesomeMath 夏季课程	2019－02	58.00	956
106 个几何问题：来自 AwesomeMath 夏季课程	2020－07	58.00	957
107 个几何问题：来自 AwesomeMath 全年课程	2020－07	58.00	958
108 个代数问题：来自 AwesomeMath 全年课程	2019－01	68.00	959
109 个不等式：来自 AwesomeMath 夏季课程	2019－04	58.00	960
110 个几何问题：选自各国数学奥林匹克竞赛	2024－04	58.00	961
111 个代数和数论问题	2019－05	58.00	962
112 个组合问题：来自 AwesomeMath 夏季课程	2019－05	58.00	963
113 个几何不等式：来自 AwesomeMath 夏季课程	2020－08	58.00	964
114 个指数和对数问题：来自 AwesomeMath 夏季课程	2019－09	48.00	965
115 个三角问题：来自 AwesomeMath 夏季课程	2019－09	58.00	966
116 个代数不等式：来自 AwesomeMath 全年课程	2019－04	58.00	967
117 个多项式问题：来自 AwesomeMath 夏季课程	2021－09	58.00	1409
118 个数学竞赛不等式	2022－08	78.00	1526
119 个三角问题	2024－05	58.00	1726
紫色彗星国际数学竞赛试题	2019－02	58.00	999
数学竞赛中的数学：为数学爱好者、父母、教师和教练准备的丰富资源. 第一部	2020－04	58.00	1141
数学竞赛中的数学：为数学爱好者、父母、教师和教练准备的丰富资源. 第二部	2020－07	48.00	1142
和与积	2020－10	38.00	1219
数论：概念和问题	2020－12	68.00	1257
初等数学问题研究	2021－03	48.00	1270
数学奥林匹克中的欧几里得几何	2021－10	68.00	1413
数学奥林匹克题解新编	2022－01	58.00	1430
图论入门	2022－09	58.00	1554
新的、更新的、最新的不等式	2023－07	58.00	1650
几何不等式相关问题	2024－04	58.00	1721
数学归纳法——一种高效而简捷的证明方法	2024－06	48.00	1738
数学竞赛中奇妙的多项式	2024－01	78.00	1646
120 个奇妙的代数问题及 20 个奖励问题	2024－04	48.00	1647

刘培杰数学工作室
已出版(即将出版)图书目录——初等数学

书　名	出版时间	定　价	编号
澳大利亚中学数学竞赛试题及解答(初级卷)1978~1984	2019－02	28.00	1002
澳大利亚中学数学竞赛试题及解答(初级卷)1985~1991	2019－02	28.00	1003
澳大利亚中学数学竞赛试题及解答(初级卷)1992~1998	2019－02	28.00	1004
澳大利亚中学数学竞赛试题及解答(初级卷)1999~2005	2019－02	28.00	1005
澳大利亚中学数学竞赛试题及解答(中级卷)1978~1984	2019－03	28.00	1006
澳大利亚中学数学竞赛试题及解答(中级卷)1985~1991	2019－03	28.00	1007
澳大利亚中学数学竞赛试题及解答(中级卷)1992~1998	2019－03	28.00	1008
澳大利亚中学数学竞赛试题及解答(中级卷)1999~2005	2019－03	28.00	1009
澳大利亚中学数学竞赛试题及解答(高级卷)1978~1984	2019－05	28.00	1010
澳大利亚中学数学竞赛试题及解答(高级卷)1985~1991	2019－05	28.00	1011
澳大利亚中学数学竞赛试题及解答(高级卷)1992~1998	2019－05	28.00	1012
澳大利亚中学数学竞赛试题及解答(高级卷)1999~2005	2019－05	28.00	1013
天才中小学生智力测验题.第一卷	2019－03	38.00	1026
天才中小学生智力测验题.第二卷	2019－03	38.00	1027
天才中小学生智力测验题.第三卷	2019－03	38.00	1028
天才中小学生智力测验题.第四卷	2019－03	38.00	1029
天才中小学生智力测验题.第五卷	2019－03	38.00	1030
天才中小学生智力测验题.第六卷	2019－03	38.00	1031
天才中小学生智力测验题.第七卷	2019－03	38.00	1032
天才中小学生智力测验题.第八卷	2019－03	38.00	1033
天才中小学生智力测验题.第九卷	2019－03	38.00	1034
天才中小学生智力测验题.第十卷	2019－03	38.00	1035
天才中小学生智力测验题.第十一卷	2019－03	38.00	1036
天才中小学生智力测验题.第十二卷	2019－03	38.00	1037
天才中小学生智力测验题.第十三卷	2019－03	38.00	1038
重点大学自主招生数学备考全书:函数	2020－05	48.00	1047
重点大学自主招生数学备考全书:导数	2020－08	48.00	1048
重点大学自主招生数学备考全书:数列与不等式	2019－10	78.00	1049
重点大学自主招生数学备考全书:三角函数与平面向量	2020－08	68.00	1050
重点大学自主招生数学备考全书:平面解析几何	2020－07	58.00	1051
重点大学自主招生数学备考全书:立体几何与平面几何	2019－08	48.00	1052
重点大学自主招生数学备考全书:排列组合·概率统计·复数	2019－09	48.00	1053
重点大学自主招生数学备考全书:初等数论与组合数学	2019－08	48.00	1054
重点大学自主招生数学备考全书:重点大学自主招生真题.上	2019－04	68.00	1055
重点大学自主招生数学备考全书:重点大学自主招生真题.下	2019－04	58.00	1056
高中数学竞赛培训教程:平面几何问题的求解方法与策略.上	2018－05	68.00	906
高中数学竞赛培训教程:平面几何问题的求解方法与策略.下	2018－06	78.00	907
高中数学竞赛培训教程:整除与同余以及不定方程	2018－01	88.00	908
高中数学竞赛培训教程:组合计数与组合极值	2018－04	48.00	909
高中数学竞赛培训教程:初等代数	2019－04	78.00	1042
高中数学讲座:数学竞赛基础教程(第一册)	2019－06	48.00	1094
高中数学讲座:数学竞赛基础教程(第二册)	即将出版		1095
高中数学讲座:数学竞赛基础教程(第三册)	即将出版		1096
高中数学讲座:数学竞赛基础教程(第四册)	即将出版		1097

刘培杰数学工作室
已出版(即将出版)图书目录——初等数学

书　　名	出版时间	定　价	编号
新编中学数学解题方法1000招丛书.实数(初中版)	2022—05	58.00	1291
新编中学数学解题方法1000招丛书.式(初中版)	2022—05	48.00	1292
新编中学数学解题方法1000招丛书.方程与不等式(初中版)	2021—04	58.00	1293
新编中学数学解题方法1000招丛书.函数(初中版)	2022—05	38.00	1294
新编中学数学解题方法1000招丛书.角(初中版)	2022—05	48.00	1295
新编中学数学解题方法1000招丛书.线段(初中版)	2022—05	48.00	1296
新编中学数学解题方法1000招丛书.三角形与多边形(初中版)	2021—04	48.00	1297
新编中学数学解题方法1000招丛书.圆(初中版)	2022—05	48.00	1298
新编中学数学解题方法1000招丛书.面积(初中版)	2021—07	28.00	1299
新编中学数学解题方法1000招丛书.逻辑推理(初中版)	2022—06	48.00	1300
高中数学题典精编.第一辑.函数	2022—01	58.00	1444
高中数学题典精编.第一辑.导数	2022—01	68.00	1445
高中数学题典精编.第一辑.三角函数・平面向量	2022—01	68.00	1446
高中数学题典精编.第一辑.数列	2022—01	58.00	1447
高中数学题典精编.第一辑.不等式・推理与证明	2022—01	58.00	1448
高中数学题典精编.第一辑.立体几何	2022—01	58.00	1449
高中数学题典精编.第一辑.平面解析几何	2022—01	68.00	1450
高中数学题典精编.第一辑.统计・概率・平面几何	2022—01	58.00	1451
高中数学题典精编.第一辑.初等数论・组合数学・数学文化・解题方法	2022—01	58.00	1452
历届全国初中数学竞赛试题分类解析.初等代数	2022—09	98.00	1555
历届全国初中数学竞赛试题分类解析.初等数论	2022—09	48.00	1556
历届全国初中数学竞赛试题分类解析.平面几何	2022—09	38.00	1557
历届全国初中数学竞赛试题分类解析.组合	2022—09	38.00	1558
从三道高三数学模拟题的背景谈起:兼谈傅里叶三角级数	2023—03	48.00	1651
从一道日本东京大学的入学试题谈起:兼谈 π 的方方面面	即将出版		1652
从两道2021年福建高三数学测试题谈起:兼谈球面几何学与球面三角学	即将出版		1653
从一道湖南高考数学试题谈起:兼谈有界变差数列	2024—01	48.00	1654
从一道高校自主招生试题谈起:兼谈詹森函数方程	即将出版		1655
从一道上海高考数学试题谈起:兼谈有界变差函数	即将出版		1656
从一道北京大学金秋营数学试题的解法谈起:兼谈伽罗瓦理论	即将出版		1657
从一道北京高考数学试题的解法谈起:兼谈毕克定理	即将出版		1658
从一道北京大学金秋营数学试题的解法谈起:兼谈帕塞瓦尔恒等式	即将出版		1659
从一道高三数学模拟测试题的背景谈起:兼谈等周问题与等周不等式	即将出版		1660
从一道2020年全国高考数学试题的解法谈起:兼谈斐波那契数列和纳卡穆拉定理及奥斯图达定理	即将出版		1661
从一道高考数学附加题谈起:兼谈广义斐波那契数列	即将出版		1662

刘培杰数学工作室
已出版(即将出版)图书目录——初等数学

书　　名	出 版 时 间	定　价	编号
代数学教程.第一卷,集合论	2023－08	58.00	1664
代数学教程.第二卷,抽象代数基础	2023－08	68.00	1665
代数学教程.第三卷,数论原理	2023－08	58.00	1666
代数学教程.第四卷,代数方程式论	2023－08	48.00	1667
代数学教程.第五卷,多项式理论	2023－08	58.00	1668
代数学教程.第六卷,线性代数原理	2024－06	98.00	1669
中考数学培优教程——二次函数卷	2024－05	78.00	1718
中考数学培优教程——平面几何最值卷	2024－05	58.00	1719
中考数学培优教程——专题讲座卷	2024－05	58.00	1720

联系地址:哈尔滨市南岗区复华四道街10号　哈尔滨工业大学出版社刘培杰数学工作室

邮　　编:150006

联系电话:0451－86281378　　13904613167

E-mail:lpj1378@163.com